中美科技竞争力评估报告

（2022）

杜德斌　段德忠　编著

上海科学技术出版社

图书在版编目（CIP）数据

中美科技竞争力评估报告. 2022 / 杜德斌，段德忠编著. -- 上海 : 上海科学技术出版社，2022.11
ISBN 978-7-5478-5900-1

Ⅰ. ①中… Ⅱ. ①杜… ②段… Ⅲ. ①科技竞争力－对比研究－研究报告－中国、美国－2022 Ⅳ. ①G322 ②G327.12

中国版本图书馆CIP数据核字(2022)第179719号

中美科技竞争力评估报告(2022)
杜德斌　段德忠　编著

上海世纪出版(集团)有限公司
上海科学技术出版社　出版、发行
(上海市闵行区号景路 159 弄 A 座 9F－10F)
邮政编码 201101　www.sstp.cn
上海盛通时代印刷有限公司印刷
开本 787×1092　1/16　印张 14.25
字数 170 千字
2022 年 11 月第 1 版　2022 年 11 月第 1 次印刷
ISBN 978－7－5478－5900－1/F・33
定价：98.00 元

前言

当今世界百年未有之大变局加速演进，国际环境错综复杂，世界经济陷入低迷期，全球产业链供应链面临重塑，不稳定性不确定性明显增加。新冠肺炎疫情影响广泛深远，逆全球化、单边主义、保护主义思潮暗流涌动。科技创新成为国际战略博弈的主要战场，围绕科技制高点的竞争空前激烈。同以往大国竞争相比，中美之争不仅有利益和制度之争，更多了一层异质文明间的价值观冲突。当前中国的经济总量已接近美国的80%，科技创新由跟跑为主转向更多领域并跑甚至少数领域领跑，美国社会对“中国威胁”的认知与感受正在发生质变。美国所处当今世界科技霸权的地位在短时间内不会改变，其对中国的科技打压也愈演愈烈。2018年美国对华发动贸易战以来，美国政府对中美科技合作与交流采取了一系列限制性措施，试图推动中美科技“脱钩”。大国竞争的内核在于科技竞争，中美两大权力中心之间的科技竞争将在很大程度上定义未来世界。

科技竞争力是国家竞争力的核心支撑，比较中美两国科技竞争力的大小及其时序发展态势，不仅是满足国家相关政策决策之需，也是呼应社会公众关注之切。2019年，本研究团队发布了《中美科技竞争力评估报告(2019)》，从科技人力、科技财力、科学研究、技术创新和科技国际化5个方面客观评估了中美两国科技竞争力的发展差异,在学界、政界反响很大,报告核心内容被人民日报新媒体平台“思想界”连续9期转载报道。2021年,*China-U. S. Science and Technology Competitiveness Assessment Report*(2020)即英文版《中美科技竞争力评估报告(2020)》,由新加坡世界科学出版公司(World Scientific Publishing Company)出版,并在第23届中国科协年会区域协调发展论坛暨第二届中国城市群发展论坛上隆重发布,产生了较大的社会影响。

《中美科技竞争力评估报告(2022)》继续采用2019版报告中关于国家科技竞争力的评价体系和评价方法,从科技人力、科技财力、科学研究、技术创新和科技国际化5个方面对比研究了中美两国科技创新发展的态势及趋势,并基于翔实、权威的统计数据,对中美两国企业科技竞争力进行了深入分析。报告认为,中国科技竞争力发展迅速,与美国的差距逐渐缩小,综合指数约为美国的61%,但在某些指标上的差距依然十分明显。例如,在科技人力资源方面,中国在全时当量研究人员数量、科学与工程学士学位授予数量等一些规模指标上已超越美国,但美国在高被引科学家数量、诺贝尔三大自然科学奖获奖人数等诸多质量指标上依然保持明显优势,中国的整体科技人力资源竞争力仍落后于美国。在科技财力资源方面,中国研发经费投入规模与美国差距不断缩小,但在研发经费投入强度、政府研发经费投入、基础研究研发经费投入等方面与美国的差距还是非常显著的。在科学研究方面,由于高质量研究成果不足,中国科学研究竞争力显著落后于美国,如在*Nature*-*Science*期刊论文数量和自然指数规模上,中国显著低于美国。在技术创新方面,中国技术创新竞争力快速上升,但仍与美国存在较大差距。在科技国际化方面,中国科技国际化竞争力增长缓慢,在国际科技合作方面与美国的差距显著,且近年来有扩大趋势。中国的高技术产品出口额稳居全球第一,但在技术出口方面远远落后于美国。在企业科技竞争力上，中国企业科技竞争力集中凸显在规模上，在效益和质量上与美国差距还非常明显。

当前，中国已开启全面建设社会主义现代化国家新征程，进入加快实现高水平科技自立自强、建设世界科技强国的关键期。基于中美两国科技竞争力的现状对比及趋势研判，报告认为，中国进一步提升科技竞争力、加快建设世界科技强国，既需要对标先进、参照一流，进一步深化开放式创新，充分学习和借鉴美国等科技强国的成功经验，更需要立足自身、正视短板，坚持创新驱动发展战略，全面塑造发展新优势。具体为：第一，要全面深化科技体制改革，形成支持全面创新的基础制度。把提高质量和效益放在科技创新发展的核心地位，着力实施以质量和效益为核心的创新战略。第二，加大政府投入，持之以恒加强基础研究，切实加大对基础研究的稳定支持力度，加快建设原始创新策源地，加快突破关键核心技术。第三，加快培育科技领军企业，强化国家战略科技力量。中国要重视培育本土创新型企业、独角兽企业、科技领军企业，提高在世界生产网络、国际市场体系中的话语权。第四，激发各类人才创新活力，建设全球人才高地，更加重视人才自主培养，更加重视青年人才培养，努力造就一批具有世界影响力的顶尖科技人才。第五，营造开放创新生态，深度参与全球科技治理，必须以全球视野谋划和推动创新，以"一带一路"为重点，以更加开放的态度加强国际科技交流，积极参与全球创新网络创建。

本报告的完成和出版得到教育部科学技术委员会和科学技术与信息化司、上海市科学技术委员会、上海市教育委员会、华东师范大学等单位的大力支持，华东师范大学全球创新与发展战略研究院的侯纯光博士、桂钦昌博士，博士研究生李庭竹、焦美琪，硕士研究生王煜群、王鹤琴等同学参与了相关章节的数据收集、分析整理和文稿撰写,刘承良、张仁开、马亚华、黄丽等老师和专家参与了报告的讨论,贡献了很多智慧。

本报告可供各级领导干部、管理部门、科技政策研究工作者、企业管理人员和高等院校师生参阅。由于编写时间较短,难免存在不足,敬请读者指正。

目录

绪　论

当前，世界百年未有之大变局深刻演化，新一轮科技革命和产业变革孕育突破，世界科技发展环境面临大变局；与此同时，中国开启全面建设社会主义现代化国家新征程，进入加快建设科技强国，实现高水平科技自立自强的新时代。面对内外部风险挑战和发展需求交织叠加，中国科技发展“危”与“机”并存。

一、世界科技发展环境面临大变局

进入新世纪以来，随着中国等新兴国家的迅速崛起，全球财富和战略资源加速向东转移，世界进入新的大国政治时代，国际权力结构正发生深刻重组，世界政治和经济面貌深刻变化，世界科技发展的国际环境错综复杂，全球科技创新版图加速演变。

（一）大国科技竞合关系面临大调整

大国竞争的内核在于科技竞争，中美两大权力中心之间的“科技战”将在很大程度上定义未来世界。同以往大国竞争相比，20 世纪初英美与德国的冲突仅仅是国家利益之争，冷战时期的美苏冲突多了一层制度差异所带来的意识形态冲突，而中国与美国的矛盾不仅有利益和制度之争，更多了一层异质文明间的价值观冲突。因此，相较历史上的大国关系，中美关系更加复杂，彼此间的冲突或将更加激烈。当前中国的经济总量已接近美国的 80%，科技创新由跟跑为主转向更多领域并跑甚至领跑，美国社会对“中国威胁”的认知与感受正在发生质变。2017 年美国发布的《国家安全报告》中已明确把中国定义为“战略竞争对手”、“经济侵略者”和“修正主义者”，并且在美国假想的所有威胁中，中国被排在另一“修正主义”大国俄罗斯、“流氓政权”伊朗和朝鲜以及恐怖组织之前。拜登政府也明确将中国定义为美国的最大竞争对手。在此背景下，如无重大结构性利好出现，未来两国关系或将持续恶化，中美科技“脱钩”或成大概率事件。美国是世界霸权，其在“科技战”中所拥有的战略资源、战略手段和战略筹码远超中国，未来其很可能采取以下行动：一是限制双边科技交流，尽力阻止先进技术向中国扩散；二是联合他国共同行动，寻求建立针对中国的科技同盟；三是破坏中国与发展中国家的信任，阻挠中国科技“走出去”。中美科技“脱钩”必将改变中国发展轨迹，并对世界政治产生深远影响。

（二）科技全球化趋势面临大挑战

信息时代，有形边界和无形边界对知识空间流动的阻滞趋于弱化，科技创新活动日益表现国际化、开放式、网络型的特征，科技全球化与经济全球化相互促进，任何一个国家和地区都不能长期独享一项科技创新成果，也不可能独自封闭发展并保持科技先进水平。可以预见的是，未来 15 年，国际科技合作交流将不断加强，跨国公司主导的研发全球化将进一步深入，全球气候变化、能源资源短缺、粮食和食品安全、网络信息安全、大气海洋等生态环境污染、重大自然灾害、传染性疾病疫情和贫困等一系列重要问题，事关人类共同安危，携手合作应对挑战将成为世界各国的共同选择。

与此同时，多边主义与单边主义斗争激烈，WTO 改革与发展中国家地位问题正在成为焦点，现有全球创新链和产业链分工合作的持续性堪忧，国际政治经济发展动荡，将导致国际规则碎片化，科技开放合作的不稳定性加剧，应对资源、能源、环境和气候变化挑战的全球治理将遭遇困难，科技全球化趋势面临大挑战。

（三）全球创新格局呈现大变化

从全球科技发展的既有格局看，在较长时期内，高端要素向发达国家相对集中的趋势仍难以逆转，发达国家主导全球创新的局面仍将持续。发达国家仍将是全球科学技术的主要源头、人才高地和全球创新的核心地带。但由于全球化的到来，创新要素的跨国流动呈现新的特征，创新要素沿特定通道流动、在特定节点驻留必然造就一批新的科技中心，从而推动全球创新环境、格局的重大变化以及科技多极化格局的加速形成。在这一场汹涌澎湃的时代变革中，以中国为代表的亚洲新兴工业经济体(NIEs)处于第三次工业革命和科技浪潮的活化区,在以中心—外围二元结构为特征的全球创新空间里,正逐步从外围地带向次核心与核心地带挺进,发达国家的科技领先优势日趋减少,致使全球创新格局出现“西强东弱”逐渐向“东升西降”的重大调整。这为中国通过汇聚全球高级要素推动从科技大国向科技强国转型,从而提供了机遇。

二、新一轮科技革命孕育新突破

当前,新一轮科技革命和产业变革突飞猛进,科学研究范式正在发生深刻变革,学科交叉融合不断发展,科学技术和经济社会发展加速渗透融合。科技创新广度显著加大,宏观世界大至天体运行、星系演化、宇宙起源,微观世界小至基因编辑、粒子结构、量子调控,都是当今世界科技发展的最前沿。科技创新深度显著加深,深空探测成为科技竞争的制高点,深海、深地探测为人类认识自然不断拓展新的视野。科技创新速度显著加快,以信息技术、人工智能为代表的新兴科技快速发展,大大拓展了时间、空间和人们认知范围,人类正在进入一个“人机物”三元融合的万物智能互联时代。生物科学基础研究和应用研究快速发展。科技创新精度显著加强,对生物大分子和基因的研究进入精准调控阶段,从认识生命、改造生命走向合成生命、设计生命,在给人类带来福祉的同时,也带来生命伦理的挑战。

(一)颠覆性技术不断涌现,产业技术变革日益逼近

全球新一轮科技革命和产业变革蓄势待发,基础前沿领域孕育重大突破,科学技术跨界融合、协同联合、包容聚合的特征越来越显现。

科学研究正在向宏观、微观和极端条件拓展。宇宙演化、量子科学、生命起源、脑科学等的原创突破正在开辟新前沿新方向,并取得

颠覆性突破。深海、深空、深地以及网络空间安全等重大创新领域，成为人类拓展生存空间、维护核心利益和国家安全的竞争焦点。

前沿热点技术呈现群体突破态势。以人工智能、第五代移动通信技术(5G)、大数据、云计算、物联网、区块链等为代表的新一代信息技术快速迭代，与生物、能源、制造、材料等前沿技术交叉融合，正在发生多技术群多点突破、相互支撑、齐头并进的链式变革。

重大科技创新成果特别是颠覆性技术加速涌现。信息技术成为科学研究和信息开发的普遍工具；生物技术正在推动人类潜能超越生物限制，向更加智能化和泛在化方向发展；新材料技术不断更新换代，绿色和低碳化发展趋势明显；先进制造业向极限化、数字化和智能化方向发展；能源技术在以绿色低碳为发展方向的同时，出现创新型能源系统。

（二）创新组织模式加速演化，共生融合引领科技发展

科技革命与产业变革的科学基石、主导力量、组织载体、空间响应、资源基础正在发生变化。产研融合、科教融合、军民融合加速推进，自然科学与人文和社会科学交叉渗透，科技创新与金融资本、商业模式融合更加紧密，新型研发组织和创新模式层出不穷，科技创新活动日益表现出大众化、集群化、社会化、网络化特征。

网络信息技术、大型科研设施开放共享、智能制造技术提供了功能强大的研发工具和前所未有的创新平台，基于互联网等方式的创新创业蓬勃兴起，使得创新创业正由小众走向大众、由精英走向草根，出现了大众创业、草根创业的“众创”现象，众筹、众智、众包、众扶等多样化新型创新平台和模式不断涌现。

企业、高校和科研院所之间的多元化协同趋势日益显著，通过搭建合作平台、组织合作项目、改进管理体制等方式形成产学研合作的长效机制，加快构建产学研协同创新的国家创新体系，推动不同创新

主体协同发力,成为国家科技创新实力整体提升的有效途径。

(三)科技创新产生深层次影响,人类社会发展呈现新图景

推动科技创新的动力既源于科技人员的探索和发明创造欲,更源于经济社会发展需求的强力拉动,科技创新支撑发展、引领未来、富民惠民、造福人类的使命将更加突出,科技创新影响人类生产生活方式的速度、广度、深度前所未有。科技发展的巨大潜力进一步释放、渗透到人类社会的各个方面,日益成为创造人类未来的主导力量。科技重塑经济发展模式的作用更加突出,科技经济融合的趋势更加明显,一些重大颠覆性技术创新促进传统技术和产品加速迭代,不断创造新需求、新业态、新产业,数字经济、智能经济、共享经济成为新的经济形态,进而塑造新的社会形态。

未来15年,人类社会将加速向智能时代、太空时代、全息时代迈进。

大数据、人工智能、脑科学、信息通信、新型显示等技术的发展,将加速智能社会、全息时代的出现。通用机器智能将获得长足进展,数据及数字技术将成为核心的生产要素,基于大数据的人工智能和机器学习技术将会成为很多行业发展的基础。特别是随着现代信息技术在教育领域、学习行为中的深度应用,未来的教育将更加突出能力培育,更加注重培养人的批判性思考能力、创造能力、创新精神和创业精神,更加注重培养人机合作的能力以及个性化能力。

生命科学、生物技术的发展将不断突破人类生命极限,人类预期寿命将极大提高,90～100岁将成普遍,特别是生命技术与量子技术、智能技术的结合,人类或将实现“永生”。

面向商业应用的太空技术、以可控核聚变为主的能源技术以及新材料技术的加速突破,将助力人类真正迈向太空时代,2030年前后多国将建设月球永久居留站,2030—2040年人类将登陆火星,并

可能开始建设火星栖息地。

三、中国科技发展进入新时代

经过改革开放 40 多年的发展，我国经济总量已跃居世界第二位，社会生产力、综合国力、科技实力实现历史性跃升。始于“科学技术是第一生产力”，从进入新世纪深入实施知识创新工程、科教兴国战略、人才强国战略，不断完善国家创新体系、建设创新型国家，到党的十八大后提出创新是第一动力、全面实施创新驱动发展战略、建设世界科技强国，中国科技实力正在从量的积累迈向质的飞跃、从点的突破迈向系统能力提升，科技创新取得新的历史性成就。

（一）科技实力实现新跃升

新世纪以来，特别是通过《国家中长期科学和技术发展规划纲要(2006—2020)》的实施，我国自主创新战略全面落实，基础研究和原始创新取得重要进展，战略高技术领域取得新跨越，高端产业取得新突破，科技在新冠肺炎疫情防控中发挥了重要作用，民生科技领域取得显著成效，国防科技创新取得重大成就。整体科技实力实现历史性飞跃，已进入世界科技大国和创新型国家行列。

一是自主创新理念深入人心，创新创业氛围显著优化。《国家中长期科学和技术发展规划纲要(2006—2020)》实施以来，自主创新成为我国全社会各层面、各行业的普遍共识，规划纲要提出的“自主创新，重点跨越，支撑发展，引领未来”16 字方针，成为全国科技发展的根本指导方针，规划纲要确立的“创新型国家”目标得到全社会广泛认同，这些都极大地了增强了全社会自主创新的主动性和积极性，社会方方面面对科技创新和科技事业的重视和投入程度普遍提高。2021 年，我国全社会研究与试验发展经费支出达到 27 864 亿元，与国内生产总值之比达到2.44%。

二是基础研究取得重大成果,引领未来能力显著增强。截至2021年,我国高水平国际科技论文连续13年位居世界第二位。我国在一些重要领域和方向取得一大批重大原创成果,如量子密钥分发、铁基超导、聚集诱导发光、中微子研究、干细胞研究、克隆猴、系列空间科学实验卫星等,有的已经与世界先进水平处于并行阶段,有的甚至开始领跑。载人航天与探月、北斗导航、载人深潜、大型客机、国产航母、高铁等一大批重大创新成就,使我国在事关国家全局和长远发展的科技战略制高点上占据了主动。5G移动通信、超级计算、特高压输变电等都处于世界领先水平,语音识别、新能源汽车、第三代核电等也进入世界前列。化学、材料、物理等学科创新能力位居世界前列,铁基超导材料保持国际最高转变温度,量子反常霍尔效应、多光子纠缠世界领先,中微子振荡、干细胞、利用体细胞克隆猕猴等取得重要原创性突破,悟空、墨子、慧眼、碳卫星等系列科学实验卫星成功发射。

三是关键核心技术不断突破,科技促进经济社会发展和保障国家安全的能力显著增强。科技创新成为引领高质量发展、提升国家核心竞争力的重要源泉,在支撑高质量发展、保障改善民生、维护国家重大安全等方面发挥了至关重要的作用。我国拥有门类最为齐全的工业体系,2005年起高技术产品出口额就位居世界第一,国内发明专利申请量也位居世界第一,取得了一批以量子反常霍尔效应、体细胞克隆猴、散裂中子源为代表的重大原创成果,港珠澳大桥、高铁等一大批重大科技攻关项目,雾霾防治、肿瘤重大诊疗设备等一批提升民生福祉的先进技术。产业创新能力持续提升,涌现出华为等一批具有世界影响力的高科技企业。国防科技创新特别是在太空领域、网络空间和海洋领域等重点领域实现历史性突破,载人航天和探月工程取得“天宫”“神舟”“嫦娥”系列重要成果,北斗导航进入全球组网新时代,载人深潜、深地探测、国产航母、大型先进压水堆和高温气冷堆核电、天然气水合物勘查开发、纳米催化、金属纳米结构材料等正在进入世界先进行列，为维护国家安全提供了坚强保障。

四是科技人才队伍建设加快推进，科研基础条件显著改善。2018 年，我国研发人员总量达到 418 万人，位居世界第一；高等教育在学总规模 3 833 万人，在学博士生 39 万人，在学硕士生 234 万人，也位居世界第一。我国已建成运行 29 个具有国际先进水平的大科学装置，重大科学基础设施建设项目加快推进，500 米口径球面射电望远镜(FAST)、散裂中子源、P4 实验室、上海光源、全超导托卡马克核聚变实验装置等重大科研基础设施为我国开展世界级科学研究提供有力的技术和平台支撑。超级计算机连续 10 次蝉联世界之冠，采用国产芯片的“神威・太湖之光”获得高性能计算应用最高奖“戈登・贝尔”奖。

五是科技体制机制改革全面深化，国家创新治理能力显著增强。《国家创新驱动发展战略纲要》发布，标志着我国科技体制改革进入新的发展阶段，按照科技创新和体制机制创新“双轮驱动”的要求，一系列重大改革举措密集出台。《深化科技体制改革实施方案》部署的 143 条改革任务已基本完成。《关于深化中央财政科技计划(专项、基金等)管理改革的方案》出台，政府各部门不再直接管理具体项目，“钱袋子”交给专业机构打理。《关于全面加强基础科学研究的若干意见》被誉为创新驱动发展原动力的基础研究迎来黄金发展期。此外，还采取了一系列包括“三评”(项目评审、机构评估、人才评价)改革，破除“五唯”(唯论文、唯帽子、唯职称、唯学历、唯奖项)，扩大科技人员自主权在内的、为科研人员松绑减负的务实改革举措。

(二) 科技创新面临新需求

未来 15 年，我国科技发展面临日益紧迫的多方面需求。我国经济发展面临下行压力和转型升级，亟须提升发展质量，支撑全面建设社会主义现代化国家;同时,全球科技创新的竞争加剧,我国科技国际化程度迫切需要提高。

一是推动经济社会高质量发展的需求。改革开放40多年尤其是党的十八大以来,呼唤高质量发展的要求愈加强烈,支撑我国高质量发展的微观要素加快积累,主导高质量发展的中微观主体提质扩量,经济向高质量发展阶段跃升的势能日益集聚。高质量发展是当前和今后一个时期确定发展思路、制定政策、实施宏观调控的根本要求,开启了由“要素驱动”转向“创新驱动”的新阶段。近年来,我国劳动年龄人口逐年减少,人口红利正在减小,土地、资源供需形势发生变化,生态环境硬约束进一步强化,亟须培育和形成新的发展动力,实现经济发展的主要驱动力由生产要素高强度投入转向提高生产效率。科技创新是经济社会高质量发展的强大动能。以科技创新驱动高质量发展,是贯彻新发展理念、破解当前经济发展中突出矛盾和问题的关键,也是加快转变发展方式、优化经济结构、转换增长动力的重要抓手。这个阶段,制约发展的瓶颈是科技创新能力不足,必须把发展基点放在科技创新上,依靠科技创新推动经济发展的质量变革、效率变革、动力变革。通过提升科技创新体系整体效能,增加高质量科技创新成果供给,为经济社会高质量发展注入强大动力,将成为未来我国经济社会发展对科技创新的最大需求。

二是满足人民群众高品质生活的需求。科技创新与人民生活需要的联系日益紧密,是保障人民群众过上高品质生活的关键因素。当前,我国社会主要矛盾已经转化为人民日益增长的美好生活需要和不平衡不充分的发展之间的矛盾,人民对生活品质提出了更高要求。2020年,我国人均GDP达1.12万美元,形成了世界上人口最多的中等收入群体,随着收入水平提高和中等收入群体扩大,尤其是80后、90后,高收入、高学历、追求高品质生活的人群的快速增长,需求结构加快升级,对产品品质、质量和性能的要求明显提高,多样化、个性化、高端化需求与日俱增，但我国供给结构调整滞后、无效供给过多、有效供给不足，以及低端供给过多、中高端供给不足等问题仍然存在，必须依赖科技创新，提升供给质量和水平，不断满足居民对高质量产品和服务的需要；必须以科技创新为引领，构建现代化经济体系和绿色技术创新体系，加强生态环境领域先进适用技术成果转化推广和产业化，推动实现更高效、更绿色和更可持续的发展，更好服务民生，不断满足人民群众的美好生活需要。

三是应对高强度国际竞争的需求。大国博弈的背后是科技实力的较量。近现代以来，以两次科学革命和三次技术革命为标志，重大科学发现、重大技术突破层出不穷，推动了新兴产业的兴起和发展，催生了以美、英、法、德、日等国为代表的科技强国。这些科技强国的主要特征是科技创新综合实力处于全球领先地位，主要产业处于高端水平，劳动生产率位居世界前列。当今世界，新一轮科技革命蓄势待发，基于知识创造和运用的科学技术加速突破，世界各国都在抢先布局未来科技领域，增加科技创新投入，力图通过科技竞争力的提升实现综合国力的增强。依靠科技创新抢抓国际竞争优势、抢占科技制高点是重要的博弈优势，成为一种战略选择。历史经验表明，一些国家抓住科技革命的难得机遇，实现了经济实力、科技实力、国防实力迅速增强，综合国力快速提升。近代以后，由于国内外各种原因，我国屡次与科技革命失之交臂。为此，我国必须在新一轮科技革命中把握主导，做到识变、应变、求变，力争在重要科技领域引领世界科技发展新方向，加快赶超和引领，以应对日益激烈的国际竞争。

（三）突破发展面临新瓶颈

当前，国内外形势正在发生深刻复杂变化，我国科技创新面临突破发展的重要时期，前景十分光明，机遇前所未有，挑战也前所未有。中国科技创新进入跟跑、并跑、领跑“三跑并存”的新阶段，总体科技实力居世界前列,但水平和效益有待提高。

一是从0到1的原始创新不足。我国原始创新能力比较薄弱,在信息通信、高端装备、工业基础材料、航空航天、生物医药等关键领域存在明显短板。在反映基础研究实力的高质量论文产出质量方面,中美差距相当大,如 *Nature-Science* 期刊论文,2019年,美国为1 151篇,中国仅有267篇。

二是卡脖子关键核心技术供给不足。我国核心技术、关键技术对外依存度居高不下,在很多高技术领域,"卡脖子"问题迫在眉睫。CPU芯片、操作系统、核心元器件、高端制造、关键设备配套、材料工业等事关国家安全和人民生命健康的关键核心技术研发能力还比较薄弱。部分高端制造业基础工艺比较落后,市场竞争力还不够强。

三是研发投入结构尚需优化。多年来,我国研发经费投入一直位居世界第二,并可望在未来几年内赶超美国成为全球研发经费投入总量最高的国家。但是,我国研发经费投入结构尚需优化。在研发经费投入来源方面,我国企业和政府研发经费投入规模均明显低于美国,2019年分别为美国企业和政府研发经费投入的58%和45%。从研发活动类型来看,我国基础研究经费占比只有5%左右,远低于发达国家20%左右的水平,目前基础研究经费投入额只有美国的20%左右。同时,在应用研究上,中国的研发经费投入占比总体呈下降趋势,2019年所占比例仅为11.3%左右,而美国始终保持在20.0%左右。

四是开放创新层次偏低。长期以来,我国主要采取"模仿、引进和消化吸收"的追赶路径,开放创新的方式多为"引进来"的内向型开放,主动"走出去"的外向型开放不仅规模有限,效果也不理想。中国在以知识和技术贸易为代表的全球创新网络中的地位与美国差距较为显著,尤其是在技术出口方面,美国远远超过中国,2018年,美国的技术出口额为1 441.9亿美元,而中国仅55.6亿美元。具有高水平和国际化视野的科研队伍建设还需加强，由我国科学家牵头发起的、面向全球和区域科技挑战的重大国际科学计划严重缺乏，我国科技人员到国际科技组织任职的人数还不多，主导国际科技合作的能力比较弱。

五是创新治理能力亟须提升。创新治理决定创新成败，科技体制改革中的“硬骨头”有待进一步突破。科技评价体系过于狭隘，“五唯”的科技评价激励制度导致科学研究偏离初心，科研人员心浮气躁、急功近利。科技创新体系中不同主体的定位有一定的重叠，重复布局、资源分散等现象还不同程度存在。创新资源配置模式有待优化，学术团体、行政决策、市场机制在科技资源配置中的作用需要进一步厘清。社会公众和企业对知识产权的认知度和保护意识需要进一步提高。全社会崇尚科学、鼓励创新的氛围还不太浓厚。

四、小　结

当前，世界百年变局和世纪疫情交织叠加，科技创新成为国际战略博弈的主要战场。古往今来，大国权力转移时期都是国际政治最危险、最不稳定的时期。在“核时代”，大国之间的竞争形态更多从“热战”转向“冷战”，竞争场所从战场转向实验室，科技领先成为决定大国竞争胜负的关键。2018年美国对华发动贸易战以来，美国对中国的科技打压愈演愈烈，中美科技“脱钩”或成大概率事件。尽管如此，美国作为当今世界头号科技强国，依然是中国科技发展最好的参照系。对中美两国科技发展的各项指标和科技综合竞争力进行持续监测和科学评估，从而找出差距，对标先进，总结经验，提出对策，为中国科技发展提供指导和借鉴。

第一章

中美科技竞争力整体评价

科技竞争力是国家竞争力的核心支撑。当前，中国已开启全面建设社会主义现代化国家新征程，进入加快建设科技强国，实现高水平科技自立自强的关键期。美国作为当今世界头号科技强国的地位在短时间内不会改变。本章基于科学的指标体系和统计数据，对中美两国的科技竞争力进行综合评价和分析。

一、中美科技竞争力评价方法

本报告继续沿用《中美科技竞争力评估报告(2019)》中建构的国家科技竞争力评价指标体系,从科技人力资源竞争力、科技财力资源竞争力、科学研究竞争力、技术创新竞争力和科技国际化竞争力5个维度、21个评价指标评价中美两国的科技竞争力大小(表1.1)。在评价方法上,也继续沿用《中美科技竞争力评估报告(2019)》中采用的熵值赋权法来对中美两国科技竞争力进行综合评价。

表1.1　国家科技竞争力评价指标体系

目标层	一级指标	二级指标	数据来源
国家科技竞争力	科技人力资源竞争力	研发人员数量(人)	WB. https://data. worldbank. org. cn
		百万人中研发人员数(人)	WB. https://data. worldbank. org. cn
		大学理工科毕业人数(千人)	UNESCO. http://data. uis. unesco. org/
		诺贝尔获奖者人数(人)	http://www. nobelprize. org/
	科技财力资源竞争力	研发经费投入总额(亿美元)	OECD
		研发经费投入占GDP比重(%)	UNESCO
		全社会风险资本总量(美元)	wind数据库
	科学研究竞争力	科技期刊论文总数(篇)	https://incites. thomsonreuters. com/ http://www. webofscience. com/
		顶级期刊论文发文量(篇)	

（续　表）

目标层	一级指标	二级指标	数 据 来 源
国家科技竞争力	科学研究竞争力	被引次数排名前 1%的论文比重(%)	https://incites. thomsonreuters. com/ http://www. webofscience. com/
		科技论文篇均引用次数(次)	
	技术创新竞争力	PCT 专利申请量(件)	WIPO
		有效发明专利数(件)	
		知识与技术密集型产业增加值(百万美元)	https://www. nsf. gov/ statistics/2018/
		知识与技术密集型产业增加值占 GDP 比重(%)	
		世界研发企业 1 000 强数量(个)	欧盟委员会世界研发 1 000 强企业排名
	科技国际化竞争力	技术出口总额(美元)	WB. https://data. worldbank. org. cn
		技术贸易出口额占进出口总额的比重(%)	
		高技术产品出口额(美元)	
		高科技产品占制成品出口比重(%)	
		国际合作论文占世界国际合作论文的比重(%)	https://incites. thomsonreuters. com/ http://apps. webofknowledge. com/

二、中美科技竞争力比较

基于国家科技竞争力评价指标体系和熵权 TPOSIS 方法，本报告计算了2004—2018年中美两国科技竞争力及其5个子竞争力的得分值,从而能够直观了解中国科技发展与美国的差距。

(一)综合比较

中美两国综合科技竞争力差距虽呈持续收敛趋势,但仍相当明显。2004—2018年,美国科技竞争力指数由0.591上升到0.841,其间虽有小幅波动,但总体呈缓慢增长态势。同期,中国科技竞争力指数快速增长,由0.053增长到0.511,与美国的差距逐年缩小。从中国与美国科技竞争力指数的比值来看,2018年中国科技竞争力指数为美国的60.8%。可见,中美科技竞争力的差距依然十分明显(表1.2和图1.1)。

表1.2 2004—2018年中美两国科技竞争力指数比较①

年 份	中 国	美 国	中美比值(%)
2004	0.053	0.591	8.9
2005	0.075	0.609	12.3
2006	0.093	0.627	14.8
2007	0.114	0.638	17.8
2008	0.145	0.660	22.0
2009	0.149	0.646	23.0
2010	0.184	0.661	27.9
2011	0.213	0.686	31.1
2012	0.249	0.695	35.8
2013	0.282	0.720	39.1
2014	0.307	0.748	41.1
2015	0.342	0.764	44.8

① 由于部分二级指标数据存在统计口径差异,因此本章中历年中美科技竞争力指数会与《中美科技竞争力评估报告(2019)》中的结果略有差异,但不影响最终分析结果。表1.3—表1.7同。

（续　表）

年　份	中　国	美　国	中美比值(%)
2016	0.373	0.758	49.2
2017	0.448	0.794	56.4
2018	0.511	0.841	60.8

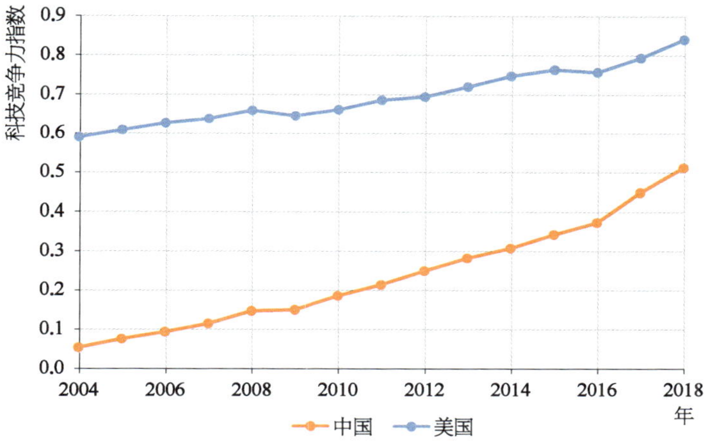

图 1.1　2004—2018 年中美两国科技竞争力指数比较

（二）科技人力资源竞争力比较

基于庞大的人口基数和快速发展的高等教育，中国科技人力资源竞争力快速追赶美国。2004—2018 年，中国科技人力资源竞争力总体呈现出快速上升的态势，从 2004 年的 0.025 上升至 2018 年的 0.538，但在时序动态上表现出较大的波动性。其中，在 2004—2008 年和 2009—2018 年这两个时间段内，中国科技人力资源竞争力呈现出迅猛上升的态势，而在 2008—2009 年则出现断层下跌的情形[中国对“全时当量研究人员数量”指标的统计在 2009 年采用了经济合作与发展组织（OECD）的定义和标准，所以 2008 年和 2009 年产生明显的波动];而美国科技人力资源竞争力则由2004年的0.414上升至2018年的0.659,上升速度较缓。15年间,中国在科技人力资源竞争力方面与美国的差距不断缩小。可以预见的是,如果中国科技人力资源竞争力继续保持高速增长态势,在未来几年将可能超越美国(表1.3和图1.2)。

表1.3 2004—2018年中美两国科技人力资源竞争力指数比较

年份	中国	美国	中美比值(%)
2004	0.025	0.414	6.1
2005	0.111	0.417	26.6
2006	0.168	0.438	38.3
2007	0.255	0.443	57.6
2008	0.331	0.476	69.5
2009	0.213	0.516	41.3
2010	0.244	0.499	49.0
2011	0.298	0.537	55.6
2012	0.349	0.552	63.3
2013	0.386	0.585	66.0
2014	0.419	0.616	67.9
2015	0.463	0.613	75.5
2016	0.485	0.619	78.4
2017	0.500	0.647	77.2
2018	0.538	0.659	81.7

(三)科技财力资源竞争力比较

与中国经济持续增长过程相吻合,中国科技财力资源竞争力与美国的差距快速缩小。2004—2018年,中美两国的科技财力资源竞争力都呈现出上升趋势。其中,美国由2004年的0.506上升至2018年的1,整体发展态势为波动上升,尤其是2016年后增长

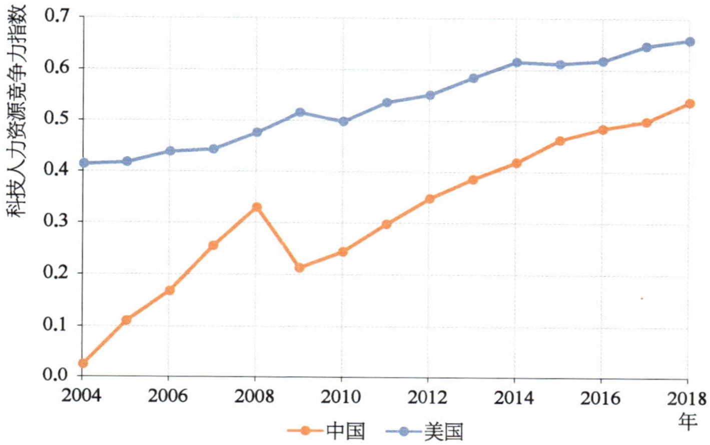

图 1.2　2004—2018 年中美两国科技人力资源竞争力指数比较

迅速；中国由 2004 年的 0 上升至 2018 年的 0.589，上升趋势较快。可见在科技财力资源竞争力上，中美差距在逐渐缩小但在 2017 年后差距又有所增大（表 1.4 和图 1.3）。

表 1.4　2004—2018 年中美两国科技财力资源竞争力指数比较

年　份	中　国	美　国	中美比值(%)
2004	0	0.506	0
2005	0.030	0.524	5.8
2006	0.052	0.556	9.4
2007	0.062	0.600	10.4
2008	0.099	0.647	15.3
2009	0.167	0.635	26.3
2010	0.211	0.623	33.8
2011	0.265	0.658	40.4
2012	0.325	0.636	51.0
2013	0.374	0.663	56.3
2014	0.401	0.727	55.2

(续　表)

年　份	中　国	美　国	中美比值(%)
2015	0.434	0.767	56.6
2016	0.456	0.694	65.7
2017	0.493	0.861	57.2
2018	0.589	1.000	58.9

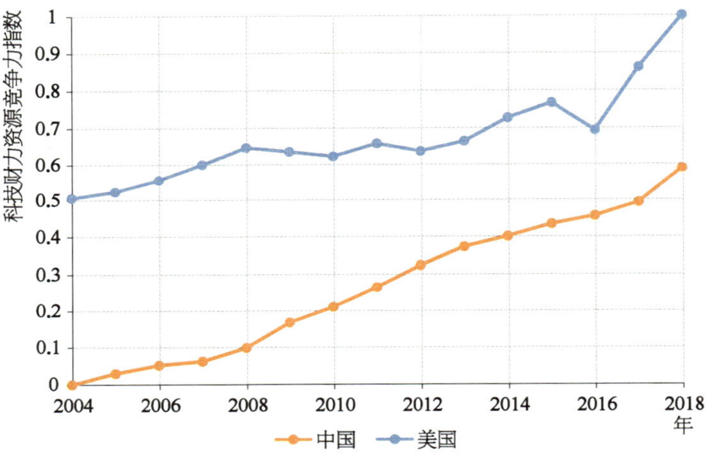

图 1.3　2004—2018 年中美两国科技财力资源竞争力指数比较

(四) 科学研究竞争力比较

由于高质量基础研究不足,中国科学研究竞争力仍远低于美国。2004—2018 年,中美两国的科学研究竞争力均呈现上升趋势,其中美国上升趋势较缓,由 2004 年的 0.795 上升至 2018 年的 0.909;中国科学研究竞争力在这 15 年间呈现出较快的上升态势,由 2004 年的 0.001 上升至 2018 年的 0.612。中美两国在科学研究竞争力上的差距虽然逐年缩小,但差距仍然较大,美国依然保持较强的优势(表 1.5 和图 1.4)。

表 1.5　2004—2018 年中美两国科学研究竞争力指数比较

年　份	中　国	美　国	中美比值(%)
2004	0.001	0.795	0.1
2005	0.015	0.806	1.8
2006	0.035	0.817	4.3
2007	0.072	0.802	8.9
2008	0.111	0.842	13.1
2009	0.147	0.843	17.4
2010	0.175	0.867	20.3
2011	0.210	0.885	23.7
2012	0.254	0.890	28.5
2013	0.307	0.897	34.2
2014	0.351	0.906	38.7
2015	0.396	0.901	43.9
2016	0.442	0.882	50.1
2017	0.517	0.916	56.4
2018	0.612	0.909	67.4

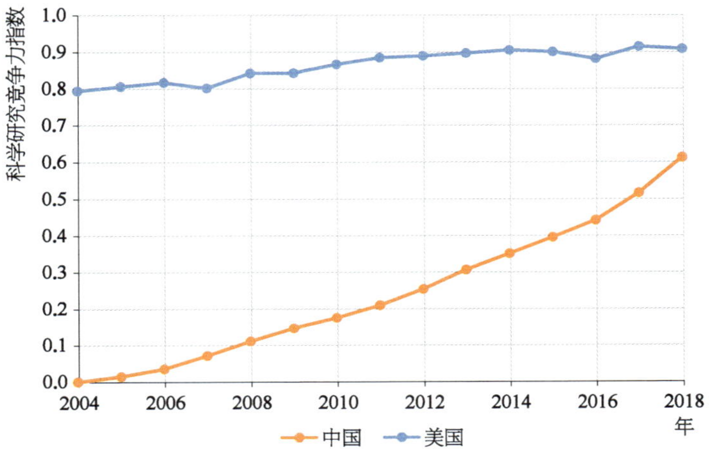

图 1.4　2004—2018 年中美两国科学研究竞争力指数比较

(五)技术创新竞争力比较

中国技术创新竞争力迅速上升,但仍与美国存在较大差距。2004—2018年,中美两国的技术创新竞争力均呈现上升趋势,其中美国由2004年的0.587上升至2018年的0.841,具有较强的竞争力;中国由2004年的0.086上升至2018年的0.650,上升速度较快,尤其是2009年后增长迅速。从指数数值的对比看,中美两国技术创新竞争力的差距依然显著(表1.6和图1.5)。

表1.6 2004—2018年中美两国技术创新竞争力指数比较

年份	中国	美国	中美比值(%)
2004	0.086	0.587	14.7
2005	0.103	0.615	16.8
2006	0.100	0.619	16.2
2007	0.120	0.611	19.7
2008	0.137	0.613	22.3
2009	0.147	0.592	24.8
2010	0.183	0.627	29.1
2011	0.218	0.628	34.8
2012	0.251	0.660	38.0
2013	0.286	0.702	40.8
2014	0.345	0.735	47.0
2015	0.397	0.763	51.9
2016	0.475	0.771	61.6
2017	0.561	0.789	71.1
2018	0.650	0.841	77.2

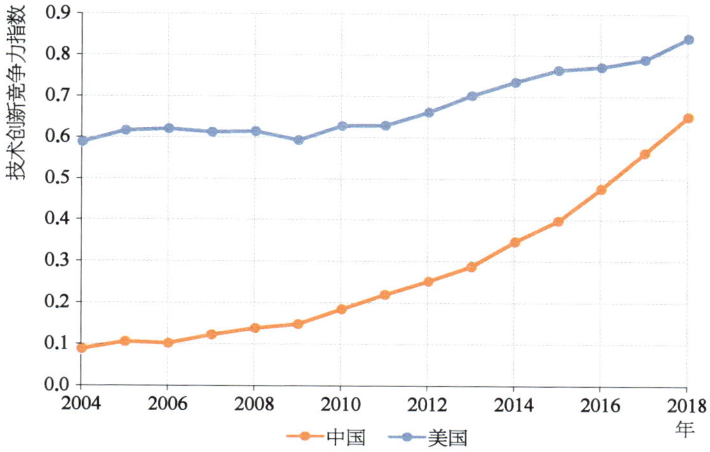

图 1.5　2004—2018 年中美两国技术创新竞争力指数比较

（六）科技国际化竞争力比较

中国科技国际化竞争力波动增长，与美国的差距不断缩小。2004—2018 年，中美两国在科技国际化竞争力上呈现出不一致的发展趋势，其中美国科技国际化竞争力在这 15 年间经历了较大的波动过程，尤其在 2008—2009 年，出现"断崖式"的下降过程。而在随后的时间里，美国科技国际化竞争力逐步恢复。而中国科技国际化竞争力在这 15 年间也出现频率较高的波动过程，由 2004 年的 0.189 波动上升至 2018 年的 0.472。由此可见，中美两国在科技国际化竞争力上的差距呈不断缩小态势（表 1.7 和图 1.6）。

表 1.7　2004—2018 年中美两国科技国际化竞争力指数比较

年　份	中　国	美　国	中美比值(%)
2004	0.189	0.555	34.0
2005	0.202	0.575	35.1

(续　表)

年　份	中　国	美　国	中美比值(%)
2006	0.217	0.575	37.7
2007	0.178	0.574	31.1
2008	0.188	0.568	33.2
2009	0.203	0.481	42.3
2010	0.254	0.492	51.5
2011	0.248	0.502	49.3
2012	0.270	0.509	53.0
2013	0.294	0.527	55.8
2014	0.270	0.548	49.3
2015	0.282	0.566	49.9
2016	0.269	0.593	45.3
2017	0.436	0.579	75.2
2018	0.472	0.607	77.8

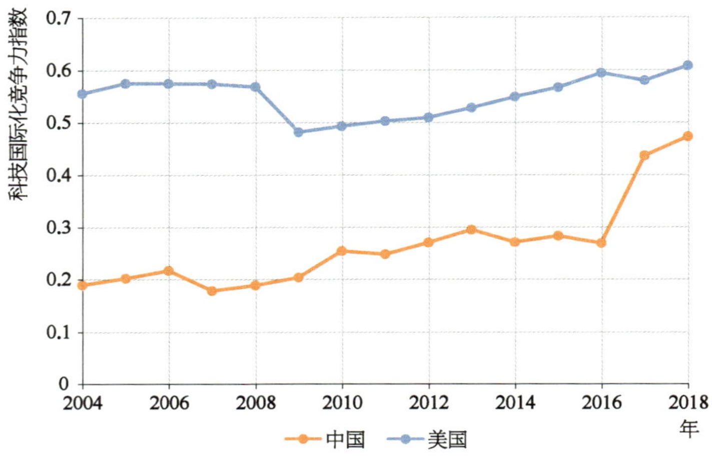

图 1.6　2004—2018 年中美两国科技国际化竞争力指数比较

三、本章小结

本报告从科技人力竞争力、科技财力竞争力、科学研究竞争力、技术创新竞争力和科技国际化竞争力5个方面建构了中美科技竞争力评价体系，从而对中美两国的科技竞争力进行了比较。结果发现，无论是整体竞争力还是5个子竞争力，中国都与美国存在差距，中国科技竞争力仍显著落后于美国，中国科技发展任重道远。

第二章

中美科技人力资源比较

人才是实现民族振兴、赢得国际竞争主动的战略资源。中国的科技人力资源规模迅速扩大,但在人才质量方面仍和发达国家存在差距。美国始终处于国际科技人力资源金字塔的顶端,其人力资源规模和质量皆处于较高水平,人才结构合理,人才开发率较高。本章采用联合国教科文组织(UNESCO)、科睿唯安(Clarivate Analytics)、美国国家教育统计中心(National Center for Education Statistics)、美国国家基金会(National Science Foundation)和中国教育部公布的相关数据,选择科技人力资源关键指标,对比分析中美两国科技人力资源的差异,力求清晰把握中国在科技人力资源竞争力的国际地位,明晰未来发展方向。

一、全时当量研究人员

研究人员是国家科技创新发展的主力，其规模大小直接反映了一国科技人力资源的基础竞争力大小。本节将从全时当量研究人员数量和每千名劳动力全时当量研究人员数量两个指标，比较分析中美两国全时当量研究人员的差异。

（一）全时当量研究人员

中国是目前世界上全时当量研究人员数量最多的国家，且相对于美国的优势在巩固扩大。2000—2018 年，中美两国全时当量研究人员数量虽然都呈现出增长的态势，但速率不一。其中，中国在这 19 年间增长态势迅猛，虽然在 2008—2009 年由于数据采集标准更换（2008 年及其之前采用国内统计标准；2009 年及其之后采用 OECD 统计标准）导致前后变化异常，但在 2010 年再次超越美国后，迅速拉开与美国的差距。至 2018 年，中国全时当量研究人员数量已达到 186.6 万人，年均增长率达到 5.6%；而美国全时当量研究人员数量在这期间增长缓慢，从 2000 年的 98.5 万人增长到 2017 年的 143.4 万人（2018 年数据缺失），年均增长率仅为 2.2%。同时，相较于其他主要发达国家，中国在全时当量研究人员数量上也远远超过日本、德国、英国、法国等国，成为当前世界全时当量研究人员数量最多的国家（表 2.1 和图 2.1）。

表 2.1　2000—2018 年中美两国全时当量研究人员数量比较

（单位：万人/年）

年　份	中　国	美　国
2000	69.5	98.5
2001	74.3	101.5

（续　表）

年　份	中　国	美　国
2002	81.1	104.9
2003	86.2	112.9
2004	92.6	110.8
2005	111.9	110.4
2006	122.4	113.3
2007	142.3	113.7
2008	159.2	119.4
2009	115.2	125.3
2010	121.1	120.1
2011	131.8	125.5
2012	140.4	125.3
2013	148.4	129.4
2014	152.4	134.0
2015	161.9	136.9
2016	169.2	137.2
2017	174.0	143.4
2018	186.6	/

注：美国 2018 年数据缺失；数据来源于 UNESCO。

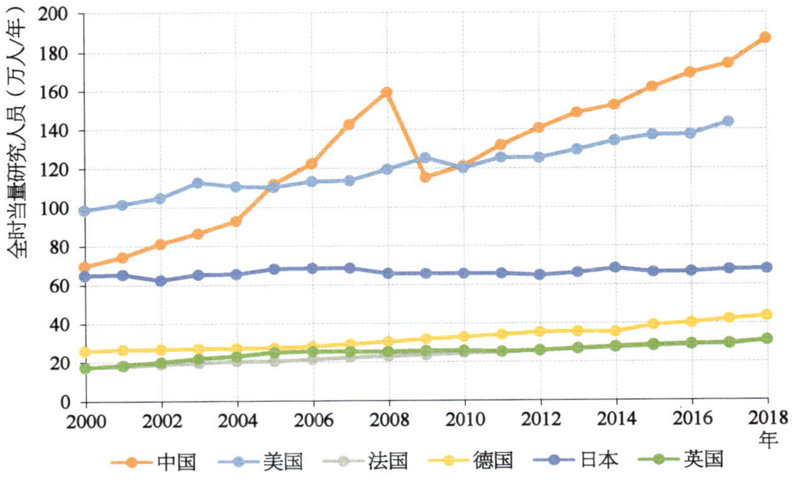

图 2.1　2000—2018 年中美两国及其他主要发达国家全时当量研究人员数量比较

（数据来源：UNESCO）

(二)每千名劳动力全时当量研究人员数量

中国每千名劳动力全时当量研究人员数量远低于美国,且差距十分显著。2000—2018 年,中美两国每千名劳动力全时当量研究人员数量分别从 2000 年的 0.9 人和 6.7 人增加到 2018 年的 2.3 人和 2017 年的 8.7 人(美国 2018 年数据缺失)。虽然中国年均增长率达到 5.2%,远高于美国的 1.5%,但中国每千名劳动力全时当量研究人员数量仍显著低于美国。同时,对比其他主要发达国家发现,法国每千名劳动力全时当量研究人员数量在这 19 年间持续稳定增长至 10.4 人,位居第一;德国、日本、英国的每千名劳动力全时当量研究人员数量与美国基本处在同一水平;而中国由于人口基数大,其每千名劳动力全时当量研究人员数量与这些国家差距十分明显,处于较低水平(表 2.2 和图 2.2)。

表 2.2　2000—2018 年中美两国每千名劳动力全时当量研究人员数量比较

(单位:人)

年　份	中　国	美　国
2000	0.9	6.7
2001	1.0	6.9
2002	1.1	7.1
2003	1.1	7.6
2004	1.2	7.4
2005	1.4	7.3
2006	1.6	7.4
2007	1.8	7.3
2008	2.0	7.6
2009	1.5	8.0
2010	1.5	7.7
2011	1.7	8.0

（续　表）

年　份	中　国	美　国
2012	1.8	7.9
2013	1.8	8.1
2014	1.9	8.4
2015	2.0	8.5
2016	2.1	8.4
2017	2.2	8.7
2018	2.3	/

注：美国2018年数据缺失；数据来源于UNESCO。

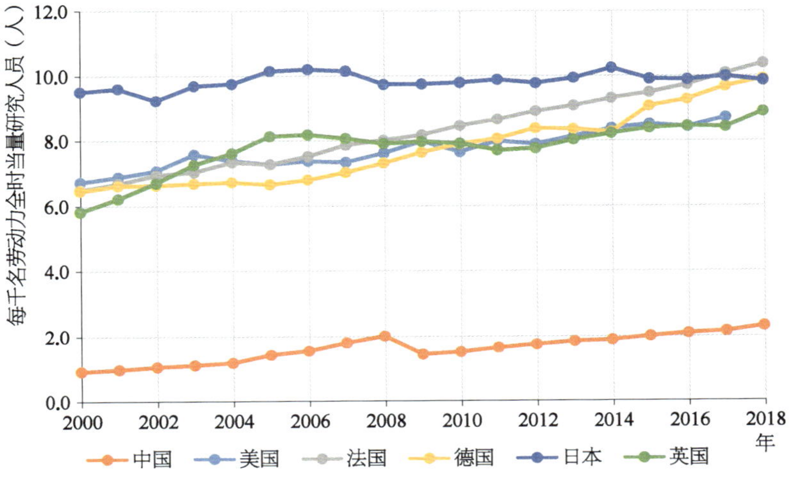

图 2.2　2000—2018 年中美两国及其他主要发达国家每千名劳动力全时当量研究人员数量比较

（数据来源：UNESCO）

二、高被引科学家

高被引科学家是具有世界级影响力的科学家，其数量是衡量一个国家科技发展水平和科技创新能力的最重要指标之一。本节从高被引科学家数量、高被引科学家数量全球占比和高被引科学家学科分布 3 个指标，比较分析中美两国高被引科学家的差异。

（一）高被引科学家数量

中国高被引科学家数量远低于美国。由于数据来源受限，本报告仅获取到 2013—2020 年 8 年间中美两国及法国、德国、日本、英国 4 个国家的高被引科学家数量数据。从这 4 年的数据中发现，美国高被引科学家数量持续保持在 1 500 人以上，显著高于中国及其他 4 个国家；中国高被引科学家数量虽然从 2013 年的 144 人增长至 2020 年的 783 人，且在 2019 年超越英国后位居六国中第二位，但与美国差距仍然很大（表 2.3 和图 2.3）。

表 2.3　2013—2020 年中美两国高被引科学家数量比较

（单位：人）

年　份	中　国	美　国
2013	144	1 695
2014	144	1 548
2015	185	1 529
2016	249	1 644
2017	251	1 638
2018	481	2 634
2019	658	2 737
2020	783	2 649

数据来源：Clarivate Analytics。

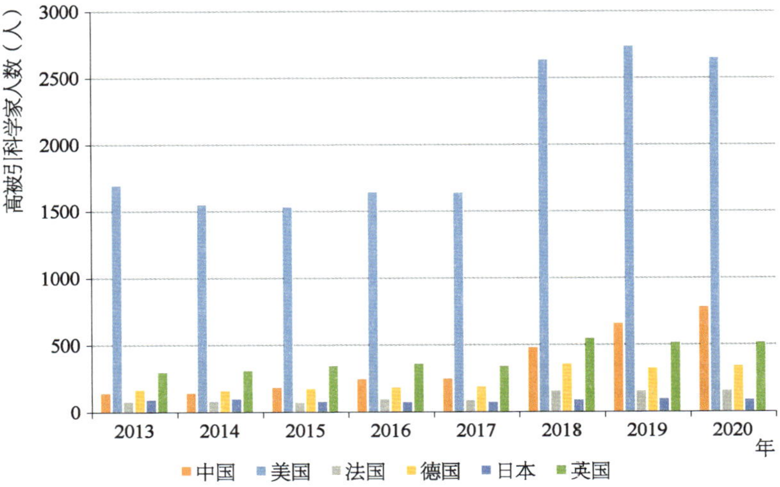

图 2.3　2013—2020 年中美两国及其他主要发达国家高被引科学家数量比较

（数据来源：Clarivate Analytics）

（二）高被引科学家全球占比

美国高被引科学家数量全球占比一直维持在 40%～50%，远超中国的 12%，但中国相对进步明显。2013—2020 年，美国高被引科学家占全球总量的比重接近一半，远超中国和其他国家，但美国总体呈现出下降的趋势，从 2013 年的 52.7%下降至 2020 年的 41.5%。相比之下，中国高被引科学家数量全球占比虽然较低，但呈现出逐年上升的趋势，由 2013 年的 4.5%增长至 2020 年的 12.3%，超越英国，跃居世界第二（表 2.4 和图 2.4）。

表 2.4　2013—2020 年中美两国高被引科学家数量全球占比比较

（单位：%）

年　份	中　国	美　国
2013	4.5	52.7
2014	4.6	49.5

(续　表)

年　份	中　国	美　国
2015	5.7	46.8
2016	7.0	46.5
2017	7.1	46.3
2018	7.9	43.3
2019	10.6	44.0
2020	12.3	41.5

数据来源：Clarivate Analytics。

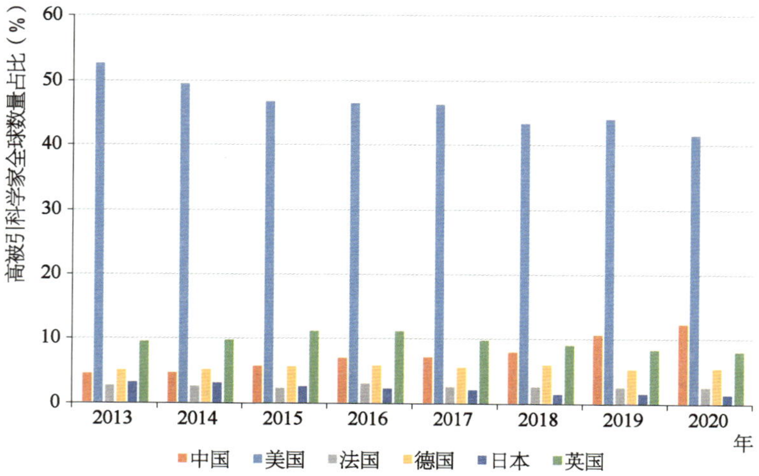

图 2.4　2013—2020 年中美两国及其他主要发达国家高被引科学家全球占比比较

(数据来源：Clarivate Analytics)

(三) 高被引科学家的学科分布

中国高被引科学家的学科领域分布比较单一，而美国较为全面。从 2018 年中美两国高被引科学家的学科领域分布来看，在 21 个学科领域中，中国在材料科学、化学和工程科学这 3 个学科领域分别以 83、80 人和 63 人的高被引科学家数量超过美国(62、74 人和 18 人)，而在其他学科领域均远低于美国。特别是在免疫学、空间科学、临床医学、分子生物学与遗传学、神经科学与行为学、微生物学、经济学/商学、药理学与毒物学等学科领域，中国的高被引科学家数量与美国差距巨大。美国在这几个学科领域都拥有较多的高被引科学家，如免疫学，其人数达到 109 人。

表 2.5　2018 年中美两国不同学科领域高被引科学家数量比较

（单位：人）

学科领域	中国	美国
临床医学	2	247
分子生物学与遗传学	3	143
神经科学与行为学	3	126
生物学与生物化学	12	114
免疫学	0	109
物理学	24	91
微生物学	3	82
空间科学	0	77
化学	80	74
精神病学/心理学	2	73
环境/生态学	12	69
社会学	8	68
地球科学	19	65
经济学/商学	3	63
材料科学	83	62
植物学与动物科学	21	56
药理学与毒物学	1	48
农业科学	11	19
工程科学	63	18
数学	22	14
计算机科学	47	12

数据来源：Clarivate Analytics。

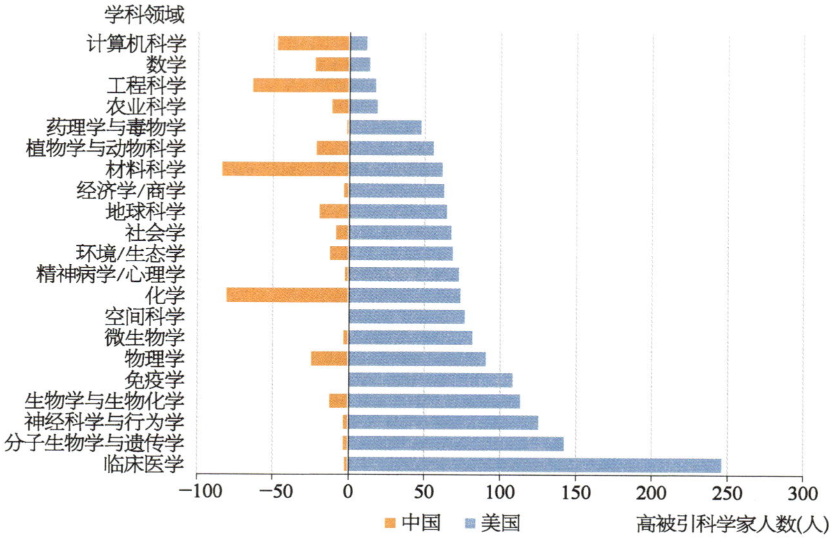

图 2.5　2018 年中美两国不同学科领域高被引科学家数量比较

(数据来源：Clarivate Analytics)

三、诺贝尔奖获得者

诺贝尔奖，尤其是三大自然科学奖(物理学奖、化学奖、生理学或医学奖)，是当今全球自然科学领域内最重要的奖项，一个国家的诺贝尔奖获得者数量被看作是该国科技实力的象征。本节将从 1980 年以来中美两国诺贝尔奖三大自然科学奖获得者总数及领域分布这两个指标，比较分析中国与美国及其他主要国家诺贝尔奖获得者的差异。

(一) 诺贝尔奖获得者总数

美国是全球诺贝尔奖获得者人数最多的国家，中国实现“零”的突破。1980 年以来，美国几乎每年都有科学家获得诺贝尔奖(除 1991 年)。至 2021 年，美国已有 179 位科学家获得诺贝尔奖，年均获奖人数达到 4.3 人，尤其是在 2017 年，美国有 7 位科学家获得诺贝尔奖。而中国在诺贝尔奖方面仅在 2015 年由屠呦呦获得诺贝尔生理学或医学奖，实现了中国在诺尔贝三大自然科学奖上“零”的突破。中国与其他发达国家也存在巨大差距(表 2.6)。

表 2.6　1980—2021 年中美两国及其他主要发达国家诺贝尔三大自然科学奖新增及累计人数比较　（单位：人）

年份	中国		美国		法国		德国		日本		英国	
	新增	累计	新增	累计	新增	累计	新增	累计	新增	累计	新增	累计
1980—2000	0	0	88	88	5	5	0	0	2	2	7	7
2001	0	0	5	93	0	5	0	0	1	3	2	9
2002	0	0	5	98	0	5	0	0	2	5	1	10
2003	0	0	5	103	0	5	0	0	0	5	1	11
2004	0	0	6	109	0	5	0	0	0	5	0	11
2005	0	0	4	113	1	6	1	1	0	5	0	11
2006	0	0	5	118	0	6	0	1	0	5	0	11
2007	0	0	2	120	1	7	2	3	0	5	1	12
2008	0	0	4	124	2	9	1	4	2	7	0	12
2009	0	0	6	130	0	9	0	4	0	7	2	14
2010	0	0	2	132	0	9	0	4	1	8	3	17
2011	0	0	4	136	1	10	0	4	0	8	0	17
2012	0	0	3	139	1	11	0	4	1	9	1	18
2013	0	0	6	145	1	12	0	4	0	9	1	19
2014	0	0	4	149	0	12	2	6	2	11	1	20
2015	1	1	3	152	0	12	0	6	2	13	1	21
2016	0	1	4	156	1	13	0	6	1	14	0	21
2017	0	1	7	163	0	13	0	6	0	14	1	22
2018	0	1	4	167	1	14	0	6	1	15	1	23
2019	0	1	4	171	0	14	0	6	1	16	2	25
2020	0	1	4	175	1	15	1	7	0	16	2	27
2021	0	1	4	179	0	15	2	9	0	16	0	27

数据来源：http://www.nobleprize.org/。

(二) 不同领域诺贝尔奖获得者数量

1980年以来,从诺贝尔物理学奖、化学奖、生理学或医学奖获奖者国别分布来看,美国在这3个领域的获奖人数均远超其他国家,至2021年分别达到60人、58人和61人。英国诺贝尔物理学奖、化学奖、生理学或医学奖获奖人数分别为5人、9人、13人,位居世界第二位。而中国仅有1人获得诺贝尔生理学或医学奖,在物理学奖和化学奖两个领域目前尚未实现"零"的突破(表2.7)。

表2.7 1980年以来中美两国及其他主要发达国家分领域诺贝尔奖获得者数量比较 (单位:人)

国家	物理学奖	化学奖	生理学或医学奖	总计
中国	0	0	1	1
美国	60	58	61	179
法国	6	5	4	15
德国	4	4	1	9
日本	6	5	5	16
英国	5	9	13	27

数据来源:http://www.nobleprize.org/。

四、科学与工程领域毕业生

科学与工程领域毕业生作为科技研究人员的后备军和新生力量,是衡量一国科技发展潜力的重要指标。本节将从科学与工程领域学士学位授予数、博士学位授予数两个指标,对比分析中美两国在科学与工程领域毕业生方面的差异。

(一) 学士学位授予数

中国科学与工程学士学位授予数远超美国,且优势逐年扩大。

2000—2016 年，虽然中美两国科学与工程领域学士学位授予数均呈现上升趋势，但速度差别较大。其中，中国由 2000 年的 359.5 千人快速增长至 2015 年的 1 716.4 千人，年均增长率高达 11.0%；美国则由 2000 年的 503.5 千人缓慢增长至 2016 年的 768.3 千人，年均增长率仅为 2.7%。中国由最初低于美国、至 2004 年实现反超之后，迅速拉大与美国的差距，至 2015 年，中国科学与工程领域学士学位授予数已比美国多出 965.2 千人（表 2.8 和图 2.6）。

表 2.8　2000—2016 年中美两国科学与工程领域学士学位授予数比较

（单位：千人）[①]

年　份	中　国	美　国
2000	359.5	503.5
2001	337.4	507.9
2002	384.5	529.5
2003	533.6	536.8
2004	672.5	520.9
2005	796.4	552
2006	911.8	561
2007	1 031.9	568.4
2008	1 143.3	579.7
2009	1 225.6	589.3
2010	1 289	611.5
2011	1 387.4	636.8
2012	1 500.7	666.6
2013	1 559.8	703.5
2014	1 653.6	724.3

① 科学与工程领域学士学位、博士学位授予数均出自美国科学工程指标数据库(Science & Engineering Indicators 2020)，该数据库每两年进行一次数据更新，每次更新均会对往年数据进行动态调整，因此部分数据可能与《中美科技竞争力评估报告(2019)》中的数据有所不同。

(续　表)

年　份	中　国	美　国
2015	1 716.4	751.2
2016	/	768.3

数据来源：Science & Engineering Indicators 2020。

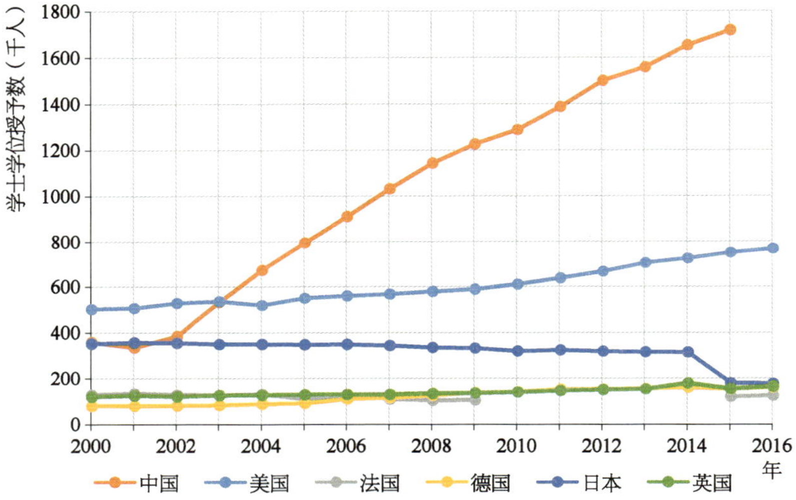

图 2.6　2000—2016 年中美两国及其他主要发达国家科学与工程领域学士学位数授予数比较

(数据来源：Science & Engineering Indicators 2020)

中美两国科学与工程学士学位授予的专业差异也较为明显。15年间，中国学位授予数最多的专业是工程学，其次是物理、生物科学、数学和统计学，社会/行为科学和农业科学所占比例较少；美国学位授予数最多的专业是社会/行为科学，其次是物理、生物科学、数学和统计学，工程学和农业科学所占比例较少。从各个学科专业的增长趋势来看，中国工程学的学位授予数增长最为显著，年均增长率为12.1%；其次是物理、生物科学、数学和统计学。农业科学和社会/行为科学的年平均增长率分别为8.0%和7.1%。美国增长最快的是物理、生物科学、数学和统计学，年平均增长率达到 4.4%；其次是工程学，年平均增长率为 3.0%；社会/行为学和农业科学则呈现出较低的年均增长（图 2.7 和图 2.8）。

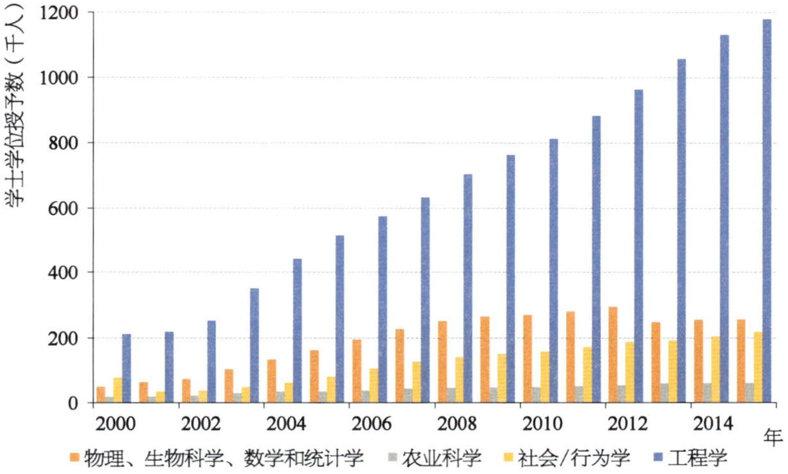

图 2.7　2000—2015 年中国科学与工程领域各专业学士学位授予数

（数据来源：Science & Engineering Indicators 2020）

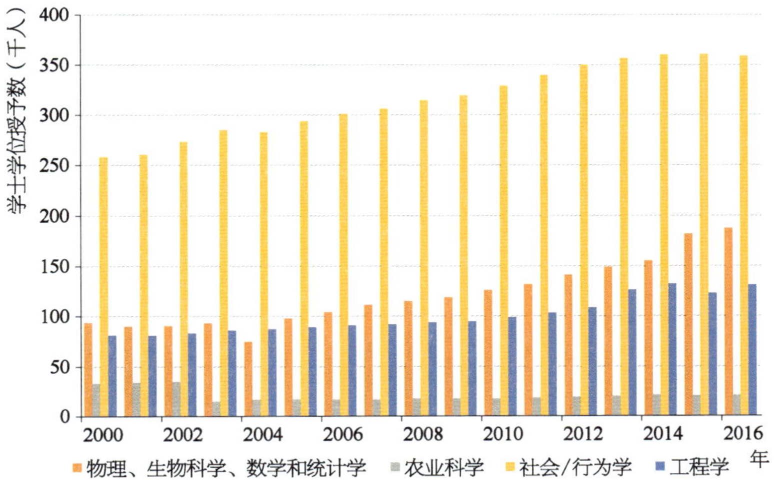

图 2.8　2000—2016 年美国科学与工程领域各专业学士学位授予数

（数据来源：Science & Engineering Indicators 2020）

(二)博士学位授予数

中国在科学与工程领域的博士学位授予数量少于美国,但中美差距不断缩小。2000—2016年,中国科学与工程领域博士学位授予数由2000年的7.8千人快速增长至2016年的35.1千人,年均增长率达到9.9%;美国则由2000年的26.1千人缓慢增长至2016年的39.7千人,年均增长率仅为2.7%。近年来,中国科学与工程领域博士学位授予数增长较快,与美国的差距正在不断缩小(表2.9和图2.9)。

表2.9 2000—2016年中美两国科学与工程领域博士学位授予数比较

(单位:千人)

年份	中国	美国
2000	7.8	26.1
2001	8.2	26.1
2002	9.5	25.0
2003	12.2	26.0
2004	14.9	22.8
2005	17.6	28.5
2006	23.0	30.3
2007	26.6	32.4
2008	28.4	33.4
2009	31.4	34.0
2010	31.4	34.6
2011	32.2	36.0
2012	32.3	37.3
2013	33.5	37.8
2014	34.1	39.5
2015	34.4	39.9
2016	35.1	39.7

数据来源:Science & Engineering Indicators 2020。

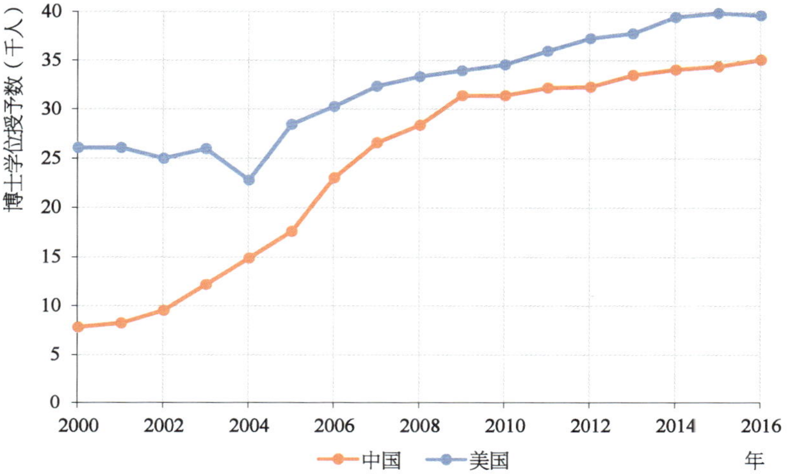

图 2.9　2000—2016 年中美两国科学与工程领域博士学位授予数比较

（数据来源：Science & Engineering Indicators 2020）

五、国 际 留 学 生

国际留学生是衡量一国对外科技交流和科技人员国际化的重要指标，在招收国际留学生规模、派遣留学生规模、国际留学生学历结构、国际留学生专业结构等方面中美两国都存在显著差异。

（一）招收国际留学生规模

美国是世界最大的留学目的地国，其招收的国际留学生规模远超中国，且差距呈扩大趋势。2000—2018 年，中美两国招收的国际留学生规模都呈快速上升趋势，分别由 2000 年的 1.4 万人和 47.5 万人增长至 2018 年的 25.8 万人和 98.7 万人。虽然中国的年均增速高达 17.7%，远超美国的 3.0%，但由于基数差距过大，美国招收的国际留学生规模仍远大于中国（表 2.10 和图 2.10）。

表 2.10　2000—2018 年中美两国招收国际留学生规模比较

(单位：万人)①

年　份	中　国	美　国
2000	1.4	47.5
2001	1.7	47.5
2002	2.1	58.3
2003	2.5	58.6
2004	3.2	57.3
2005	4.5	59.0
2006	5.5	58.5
2007	6.8	59.6
2008	8.0	62.4
2009	9.4	66.1
2010	10.7	68.5
2011	11.9	71.0
2012	13.4	74.0
2013	14.8	78.4
2014	16.4	84.2
2015	18.5	90.7
2016	21.0	97.1
2017	24.2	98.5
2018	25.8	98.7

数据来源：UNESCO。

(二) 派遣国际留学生规模

中国是全球最大的留学生来源国，其向外派遣国际留学生规模

① 招收国际留学生规模、派遣国际留学生规模的数据来源为 UNESCO，该数据库更新时会对往年数据进行动态调整。基于以数据为准的原则，此处均采用最新数据进行分析，因此表 2.10 和 2.11 中的部分数据可能与《中美科技竞争力评估报告(2019)》中的数据有所不同。

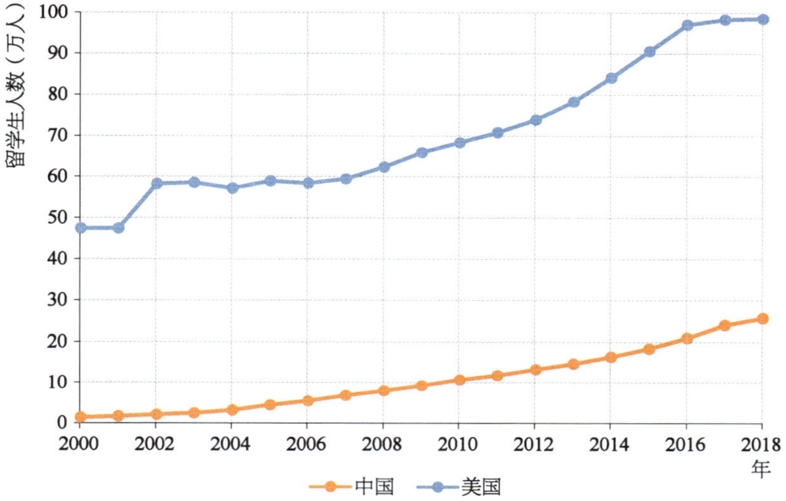

图 2.10　2000—2018 年中美两国招收国际留学生规模比较

（数据来源：UNESCO）

远超美国，且差距不断扩大。2000—2018 年，中国派遣留学生规模一直高于美国，且快速扩大，由 2000 年的 15.5 万人增长至 2018 年的 99.3 万人。而美国派遣留学生规模在这 19 年间增长较缓，仅由 2000 年的 4.5 万人增长至 2018 年的 8.4 万人，年均增速仅为 3.5%。2018 年，中国派遣留学生数量约为美国的 12 倍(表 2.11 和图 2.11)。

表 2.11　2000—2018 年中美两国派遣国际留学生规模比较

（单位：万人）

年　份	中　国	美　国
2000	15.5	4.5
2001	17.6	5.0
2002	23.0	5.5
2003	31.3	5.5
2004	36.1	5.5

(续　表)

年　份	中　国	美　国
2005	39.6	5.8
2006	40.3	6.0
2007	42.7	6.4
2008	45.8	6.4
2009	51.6	6.6
2010	56.8	6.7
2011	65.3	7.0
2012	69.9	7.2
2013	71.9	7.6
2014	77.1	7.8
2015	82.0	8.1
2016	86.8	8.4
2017	92.8	8.7
2018	99.3	8.4

数据来源：UNESCO。

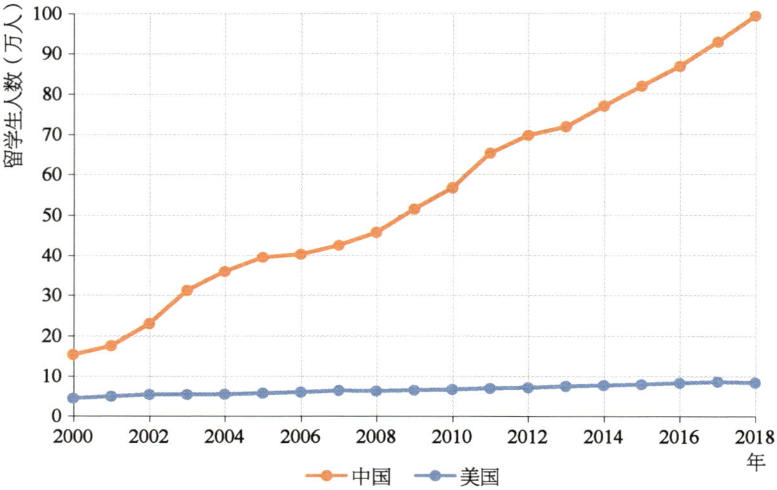

图 2.11　2000—2018 年中美两国派遣国际留学生规模比较

(数据来源：UNESCO)

（三）国际留学生学历结构

在本科生、硕士研究生和博士研究生 3 个学历阶段上，中国招收的国际留学生规模均显著低于美国。2003 年，美国招收的国际留学本科生、硕士研究生和博士研究生数量分别为 17.9 万人、14.2 万人和 10.0 万人，分别占其招收的国际学历留学生总数的 42.4%、33.8%和 23.8%；同年，中国招收的国际留学生本科生、硕士研究生和博士研究生数量分别为 1.9 万人、0.3 万人和 0.2 万人，三者占其招收的国际学历留学生总数的比例分别为 79.3%、13.9%和 6.7%。与美国相比，中国招收的本科留学生比重较高，而硕士留学生和博士留学生比重较小。2018 年，美国招收的国际留学生本科生、硕士研究生和博士研究生数量分别为 36.2 万人、22.1 万人和 13.3 万人，三者占其招收的国际学历留学生总数的比例分别达到 50.6%、30.9%和 18.5%，相较于 2003 年，本科生占比有所升高，而博士研究生占比下降明显。同年，中国招收的本科国际留学生、硕士国际留学生和博士留学生分别快速增长至 16.1 万人、5.9 万人和 2.6 万人，三者所占其招收的国际学历留学生总数的比例分别为 65.4%、24.2%和 10.4%，相较于 2003 年，本科国际留学生比重有所下降，而硕士留学生和博士留学生比重略有升高。但中国招收的国际留学生规模在 3 个学历阶段上均显著低于美国（图 2.12 和图 2.13）。

（四）国际留学生专业结构

从中美两国留学生的专业结构来看，两国差异也较显著，工科是来华留学生选择最多的专业，而工程、商业与管理等是在美留学生选择最多的专业。2018 年来华留学生学习工科专业的人数占来华留学生总数的 23.4%，且平均每年以 23.8%的速度在增加；其次是西医（20.8%）、管理学（13.5%）、汉语言（13.0%）、经济学（12.7%）、法

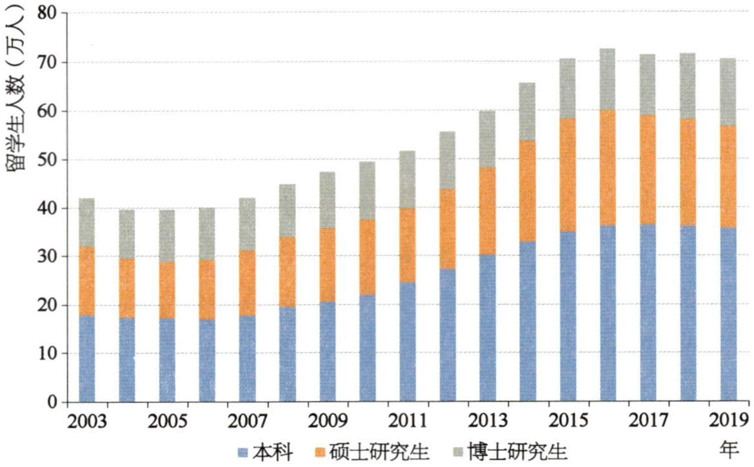

图 2.12　2003—2018 年美国招收留学生不同学历占比

（数据来源：National Center for Education Statistics）

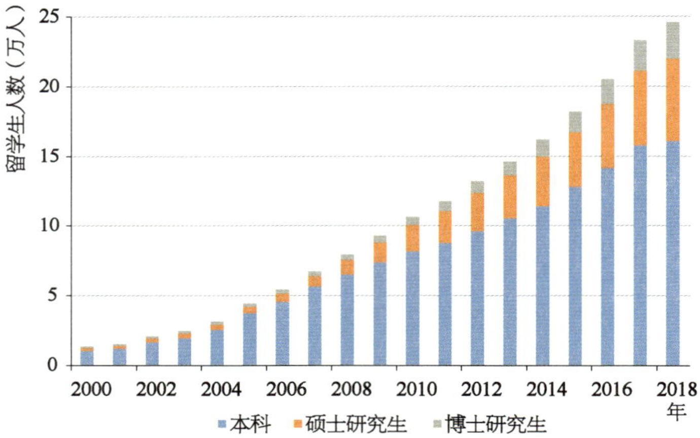

图 2.13　2000—2018 年来华留学生不同学历占比

（数据来源：中国教育部国际合作与交流司来华留学生简明统计）

学(4.7%)、文学(3.6%)、中医(3.5%)、理科(2.6%)、农科(1.6%)、教育学(1.2%)、历史学(0.3%)、哲学(0.3%)。工程是 2018 年在美留学生选择最多的专业，占到在美留学生总数的 24.3%，其次是数学与计算机科学(21.4%)、商业与管理(19.2%)、社会科学(8.9%)、生理与生命科学(8.6%)、美术与应用艺术(6.6%)、卫生学(3.7%)、英语(2.3%)、人文科学(1.8%)、教育(1.8)、农业(1.4%)(图 2.14 和图 2.15)。

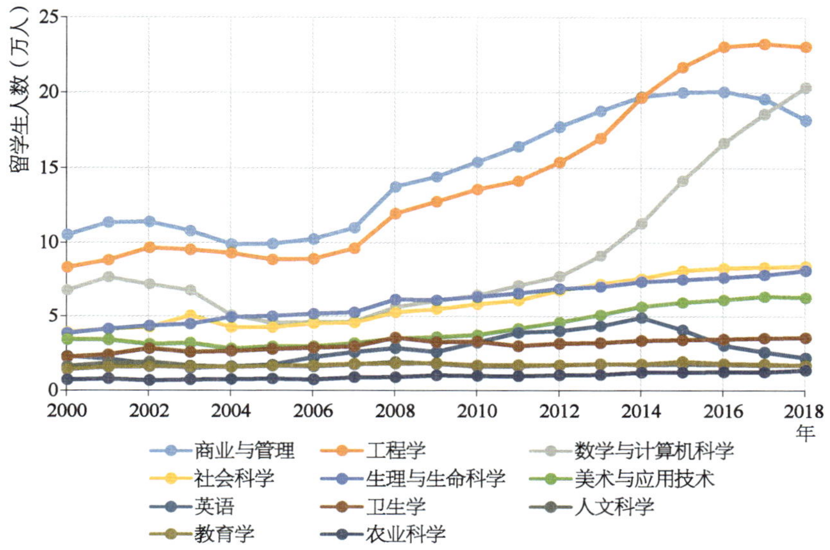

图 2.14　2000—2018 年在美留学生专业结构

(数据来源：National Center for Education Statistics)

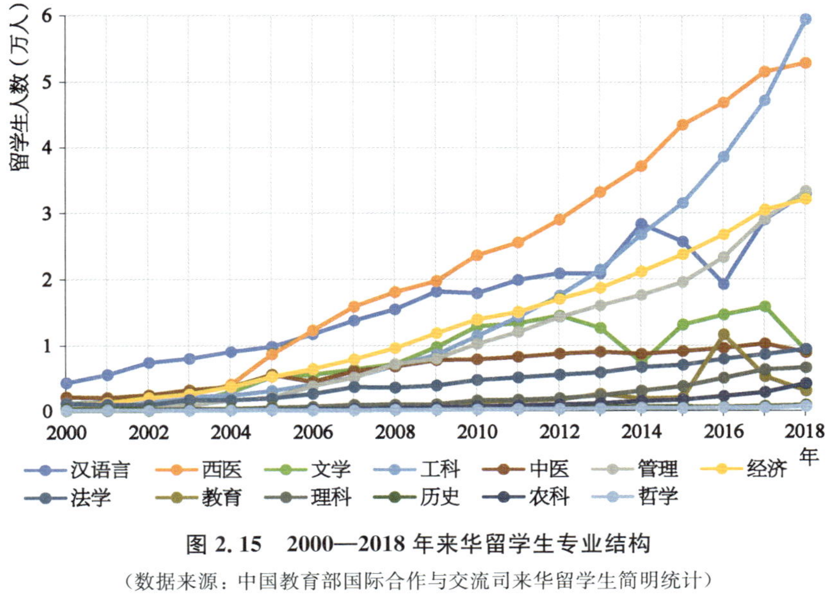

图 2.15　2000—2018 年来华留学生专业结构

(数据来源：中国教育部国际合作与交流司来华留学生简明统计)

六、本 章 小 结

本章从全时当量研究人员、高被引科学家、诺贝尔奖获得者、科学与工程领域毕业生和国际留学生 5 个方面,比较分析了中美两国在科技人力资源方面的差异,结果发现:

(1) 在表征科技人力资源规模的指标上,中国已在全时当量研究人员数量、科学与工程领域学士学位授予数和派遣国际留学生规模等多个方面超过美国。

(2) 在表征科技人力资源质量的指标上,中国与美国的差距显著。如在每千名劳动力全时当量研究人员数量、高被引科学家数量、诺贝尔奖获得者数量、科学与工程领域博士学位授予数、招收国际留学生规模等指标上,中国远低于美国。

第三章

中美科技经费投入比较

科技经费投入是衡量一个国家和地区科技活动规模与强度的重要指标，它既可测度和评价一个国家的研发规模和科技资源动员能力，也能反映一个国家的综合国力。科技经费投入水平可以通过政府和企业研发经费来衡量。本章采用 OECD 和 UNESCO 数据库中的相关数据，并采用当年美元汇率对中国及其他主要国家的研发经费投入进行换算，从而对比分析中美两国研发经费投入总量、强度、来源、执行部门、活动类型等方面的差异。

一、研发经费总体情况

研发经费的总体情况涉及投入总量、投入强度、投入来源、执行部门和活动类型这五方面。其中，投入总量是指研发经费的总金额（货币汇率，单位：亿美元）；由于国家之间的规模差异，投入强度（研发经费/GDP）则能更好地反映国家的研发意愿和能力；投入来源和执行部门是研发经费的投入与被投入关系；活动类型则是考察研发经费在不同研发活动之间的分配。

（一）研发经费投入总额

美国是全球研发经费投入最高的国家，中国在 2013 年之后成为全球第二大研发经费投入国家，中美差距显著。2000—2019 年，中美两国的研发经费总量均呈现出明显的上升趋势，分别由 2000 年的 101.4 亿美元和 2 695.1 亿美元上升至 2019 年的 3 110.0 亿美元和 6 574.6 亿美元。从全球范围来看，美国长期是全球研发经费投入最高的国家，中国的研发经费在 2013 年超过日本后，持续位居全球第二。2000 年以来，中国的研发经费的年均增长率达到 19.5%，远超美国的 4.8%。中国的研发经费投入总量与美国的差距呈波动上升趋势，由 2000 年的 2 593.7 亿美元上升至 2019 年的 3 464.6 亿美元，中国研发经费投入总量仍不及美国的一半（表 3.1 和图 3.1）。

（二）研发经费投入强度

中国研发经费投入强度稳步攀升，但与美国（及其他发达国家）相比仍处于较低水平。2000—2019 年，中国研发经费投入强度呈现出稳步上升态势，由 2000 年的 0.9% 上升至 2019 年的 2.2%；而美国研发经费投入强度始终维持在 2.5% 以上，且

表 3.1　2000—2019 年中美两国研发经费投入总额比较

（单位：亿美元）①

年　份	中　国	美　国
2000	101.4	2 695.1
2001	125.9	2 802.4
2002	155.6	2 798.9
2003	171.1	2 938.5
2004	222.3	3 056.4
2005	282.4	3 281.3
2006	359.9	3 533.3
2007	471.3	3 803.2
2008	643.7	4 072.4
2009	819.8	4 064.1
2010	1 013.6	4 100.9
2011	1 305.8	4 297.9
2012	1 578.5	4 343.5
2013	1 863.5	4 551.3
2014	2 035.5	4 770.0
2015	2 179.5	4 958.9
2016	2 279.2	5 226.5
2017	2 533.9	5 563.4
2018	2 885.6	6 074.7
2019	3 110.0	6 574.6

数据来源：OECD。

2008—2018 年一直处于 2.7%～2.8%的高水平，2019 年达 3.1%（表 3.2）。

① 本章所有涉及研发投入经费的数据来自 OECD，并且均按照本国货币统计标准进行数据收集。在进行分析时，采用当年的美元汇率对各国的研发投入经费进行换算。《中美科技竞争力评估报告（2019）》中则是按照购买力平价（PPP）统计标准进行的数据采集和分析，因此本章相关的数据结果与上一版本差异较大。

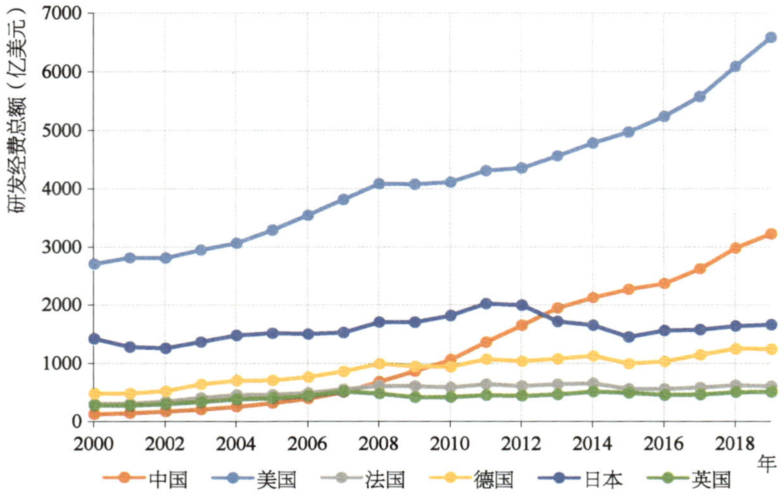

图 3.1　2000—2019 中美两国及其他主要发达国家研发经费投入总额比较

（数据来源：OECD）

表 3.2　2000—2019 年中美两国研发经费投入强度比较

（单位：%）

年　份	中　国	美　国
2000	0.9	2.6
2001	0.9	2.6
2002	1.1	2.6
2003	1.1	2.6
2004	1.2	2.5
2005	1.3	2.5
2006	1.4	2.6
2007	1.4	2.6
2008	1.4	2.8
2009	1.7	2.8
2010	1.7	2.7
2011	1.8	2.8

（续　表）

年　份	中　国	美　国
2012	1.9	2.7
2013	2.0	2.7
2014	2.0	2.7
2015	2.1	2.7
2016	2.1	2.8
2017	2.1	2.8
2018	2.1	2.8
2019	2.2	3.1

数据来源：UNESCO。

其他主要发达国家中，日本是研发经费投入强度最高的国家，长期维持在3%以上。德国研发经费投入强度由2000年的2.4%上升至2019年的3.2%，其在2011年超过美国后，持续高于美国。法国的研发经费投入强度基本维持在2.2%左右。由此可见，虽然中国研发经费投入强度在稳步提升，但相对于美国等发达国家，仍有一定差距。中国研发经费投入强度离实现《国家中长期科学和技术发展规划纲要（2006—2020年）》确定的2.5%的目标仍有差距（图3.2）。

（三）研发经费投入来源

企业是中美两国研发经费的第一大来源，中国企业研发经费投入占比已超越美国。2000—2019年，中国研发经费企业投入年均增长率高达20.0%，远超美国的4.1%，至2019年，中国企业研发经费投入规模达到2 448.6亿美元，仍低于美国的4 162.6亿美元；从投入占比上看，中国研发经费中企业投入占比从2000年的61.5%上升至2019年的78.7%，而美国研发经费中企业投

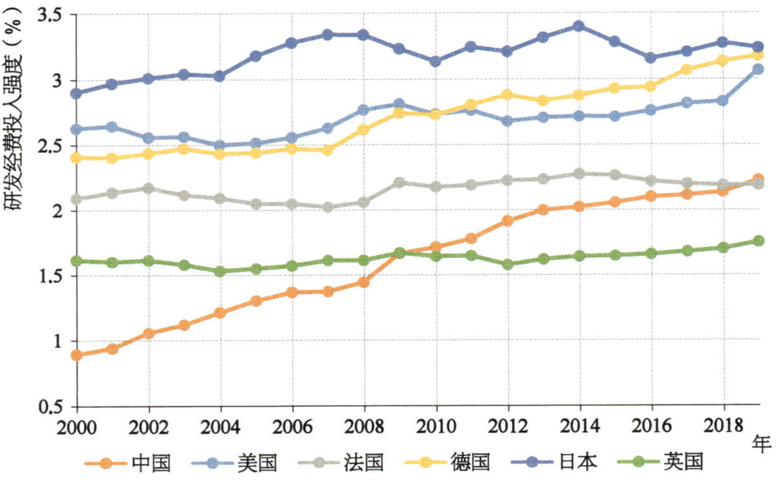

图 3.2　2000—2019 年中美两国及其他主要发达国家研发经费投入强度比较

(数据来源: UNESCO)

入占比则从 2000 年的 69.0%下降到 2019 年的 63.3%,其中 2010 年仅占 56.9%。政府是中美两国研发经费的第二大来源,在投入规模上,美国始终高于中国;在投入占比上,中国由高于美国发展至低于美国。从投入规模上看,中国研发经费政府投入规模从 2000 年的 36.1 亿美元增长至 2019 年的 657.9 亿美元;美国研发经费政府投入规模从 2000 年的 707.2 亿美元增长至 2019 年的 1 452.6 亿美元,中国研发经费政府投入规模始终低于美国。从投入占比上看,中国研发经费政府投入占比持续下降,从 2000 年的 35.6%下降至 2018 年的 21.2%;美国研发经费政府投入占比由 2000 年的 26.2%下降到 2019 年的 22.1%,其中 2000—2009 年呈上升趋势,2009 年达到 32.7%的历史最高水平,此后逐步下降,但至 2019 年仍高于中国(表 3.3 和表 3.4)。

表 3.3　2000—2019 年中美两国研发经费来源比较

（单位：亿美元）

年份	中国			美国				
	企业	政府	海外	企业	政府	海外	高校	非营利机构
2000	62.3	36.1	2.9	1 860.4	707.2	/	62.3	65.3
2001	/	/	/	1 883.4	778.8	/	68.3	71.9
2002	/	/	/	1 806.4	834.3	/	76.2	82.0
2003	111.8	55.6	3.6	1 861.1	903.5	/	82.3	91.6
2004	156.0	63.3	3.0	1 913.1	964.6	/	85.6	93.1
2005	200.7	78.9	2.8	2 077.3	1 010.4	/	92.7	101.0
2006	260.6	93.2	6.1	2 271.1	1 055.0	/	100.8	106.4
2007	344.3	120.5	6.6	2 467.4	1 109.3	/	108.3	118.1
2008	478.2	157.2	8.3	2 586.9	1 237.6	/	116.4	131.5
2009	609.5	198.9	11.4	2 353.1	1 327.4	115.9	119.2	148.6
2010	749.0	250.9	13.6	2 334.6	1 337.4	153.0	121.1	154.9
2011	995.8	292.0	18.0	2 508.7	1 343.8	163.1	129.5	152.8
2012	1 210.1	352.5	15.9	2 585.7	1 287.3	177.3	143.0	150.2
2013	1 439.1	407.2	17.2	2 780.0	1 252.3	203.5	153.8	161.8
2014	1 590.9	427.2	17.4	2 954.5	1 236.2	240.5	162.1	176.8
2015	1 683.7	479.1	16.7	3 096.9	1 252.1	248.6	172.9	188.5
2016	1 791.7	472.0	15.5	3 305.0	1 223.3	303.3	185.8	209.2
2017	1 999.2	517.8	16.8	3 476.9	1 273.1	393.9	196.7	222.9
2018	2 274.7	600.2	10.8	3 834.4	1 357.6	439.1	207.8	235.9
2019	2 448.6	657.9	3.5	4 162.6	1 452.6	489.3	218.8	251.3

注：“/”为数据缺失，2001—2002 年中国研发经费来源数据缺失，2000—2008 年美国海外研发经费来源数据缺失，数据来源于 OECD。

表 3.4　2000—2019 年中美两国研发经费来源占比比较

（单位：%）

年份	中国			美国				
	企业	政府	海外	企业	政府	海外	高校	非营利机构
2000	61.5	35.6	2.9	69.0	26.2	/	2.4	2.4
2001	/	/	/	67.2	27.8	/	2.4	2.6
2002	/	/	/	64.5	29.8	/	2.8	2.9
2003	65.4	32.5	2.1	63.3	30.7	/	2.8	3.2
2004	70.2	28.4	1.4	62.6	31.6	/	2.8	3.0
2005	71.1	27.9	1.0	63.3	30.8	/	2.8	3.1
2006	72.4	25.9	1.7	64.3	29.8	/	2.9	3.0
2007	73.0	25.6	1.4	64.9	29.2	/	2.8	3.1
2008	74.3	24.4	1.3	63.5	30.4	/	2.9	3.2
2009	74.3	24.3	1.4	57.9	32.7	2.9	2.9	3.6
2010	73.9	24.8	1.3	56.9	32.6	3.7	3.0	3.8
2011	76.3	22.3	1.4	58.4	31.3	3.8	3.0	3.5
2012	76.7	22.3	1.0	59.5	29.6	4.1	3.3	3.5
2013	77.2	21.9	0.9	61.1	27.5	4.5	3.4	3.5
2014	78.1	21.0	0.9	61.9	25.9	5.0	3.5	3.7
2015	77.2	22.0	0.8	62.5	25.2	5.0	3.5	3.8
2016	78.6	20.7	0.7	63.2	23.4	5.8	3.6	4.0
2017	78.9	20.4	0.7	62.5	22.9	7.1	3.5	4.0
2018	78.8	20.8	0.4	63.1	22.3	7.3	3.4	3.9
2019	78.7	21.2	0.1	63.3	22.1	7.5	3.3	3.8

注:“/”为数据缺失,数据来源于 OECD。

此外,高校和非营利机构在美国研发经费投入来源中一直占有一定的比例,且呈现出稳定增长态势。两者的研发投入规模分别由 2000 年的 62.3 亿美元和 65.3 亿美元增长至 2019 年的 218.8 亿美元和 251.3 亿美元,投入占比也分别由 2.4%和 2.4%上升至 3.3%和 3.8%。这表明,高校和非营利机构在美国研发经费投入中一直发挥着重要作用,尤其是来自非营利组织的研发经费,往往可以在社会科技创新的初始和培育阶段,或在社会非主流科技创新领域起到扶持和补充的作用,这有效地增加了美国整个创新体系运行和发展的耦合力。

（四）研发经费执行部门

美国研发经费执行部门占比为企业>高校>政府，中国则为企业>政府>高校，企业为中美两国最主要的执行部门。2000—2019年，中国研发经费企业执行占比由60.0%上升至76.4%；美国则维持在68.0%～74.2%，波动幅度较小。中国研发经费政府执行占比不断降低，由31.5%下降至15.5%；美国则维持在9.7%～12.9%，态势稳定。中国研发经费高校执行占比波动下降，2019年已降至8.1%；美国则保持在11.4%～14.7%，明显高于中国（表3.5）。

表3.5　2000—2019年中美两国研发经费执行部门占比

（单位：%）

年份	中国			美国			
	企业	政府	高校	企业	政府	高校	非营利机构
2000	60.0	31.5	8.6	74.2	10.8	11.4	3.6
2001	60.4	29.7	9.8	72.1	11.9	12.0	4.0
2002	61.2	28.7	10.1	69.3	12.8	13.5	4.4
2003	62.4	27.1	10.5	68.3	12.9	14.3	4.5
2004	66.8	23.0	10.2	68.2	12.6	14.7	4.6
2005	68.3	21.8	9.9	68.9	12.3	14.3	4.4
2006	71.1	19.7	9.2	70.1	12.0	13.9	4.1
2007	72.3	19.2	8.5	70.8	11.8	13.4	4.0
2008	73.3	18.3	8.5	71.4	11.3	13.2	4.0
2009	73.2	18.7	8.1	69.5	12.0	14.0	4.5
2010	73.4	18.1	8.5	68.0	12.7	14.7	4.5
2011	75.7	16.3	7.9	68.4	12.8	14.5	4.3
2012	76.2	16.3	7.6	69.6	12.3	14.0	4.1
2013	76.6	16.2	7.2	70.9	11.5	13.5	4.1
2014	77.3	15.8	6.9	71.4	11.3	13.1	4.2
2015	76.8	16.2	7.0	71.8	11.0	13.0	4.2
2016	77.5	15.7	6.8	72.6	10.0	13.0	4.4
2017	77.6	15.2	7.2	72.9	9.7	12.8	4.6
2018	77.4	15.2	7.4	73.4	9.9	12.3	4.4
2019	76.4	15.5	8.1	73.9	9.9	12.0	4.3

数据来源：OECD。

中国企业执行的研发经费规模远落后于美国。2000—2019年，中美两国研发经费企业执行规模均呈上升趋势，分别由2000年的64.9亿美元和1 999.6亿美元上升至2019年的2 453.6亿美元和4 858.3亿美元。2019年中国企业执行的研发经费低于美国，但远高于其他主要国家。中国年均增速高达21.1%，而美国仅为4.8%，中美两国的差距波动扩大，美国遥遥领先于中国(表3.6和图3.3)。

表3.6　2000—2019年中美两国由企业执行的研发经费规模比较

(单位：亿美元)

年　份	中　国	美　国
2000	64.9	1 999.6
2001	76.1	2 020.2
2002	95.2	1 938.7
2003	116.0	2 007.2
2004	158.8	2 083.0
2005	204.6	2 261.6
2006	268.2	2 476.7
2007	353.6	2 692.7
2008	488.3	2 906.8
2009	622.1	2 823.9
2010	767.1	2 789.8
2011	1 020.4	2 940.9
2012	1 244.5	3 022.5
2013	1 477.8	3 225.3
2014	1 630.4	3 407.3
2015	1 730.2	3 558.2
2016	1 824.8	3 795.3
2017	2 028.2	4 057.9
2018	2 298.0	4 456.4
2019	2 453.6	4 858.3

数据来源：OECD。

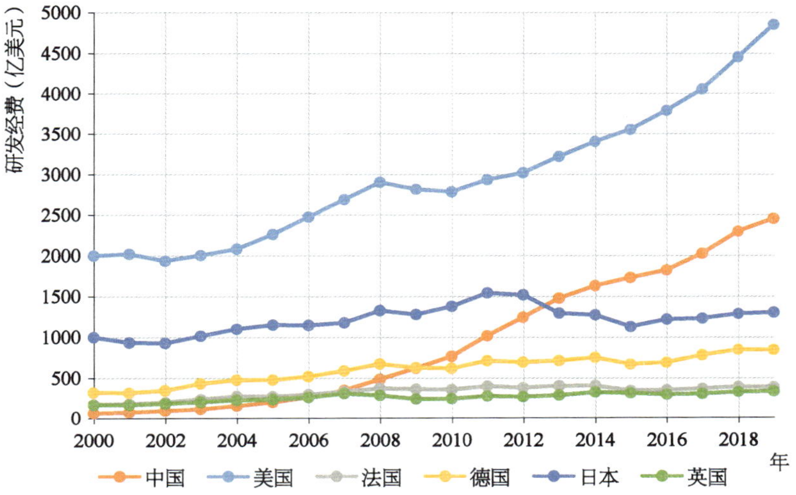

图 3.3　2000—2019 年中美两国及其他主要发达国家由企业执行的研发经费规模比较

（数据来源：OECD）

中国政府部门执行的研发经费规模增长迅速，与美国差距不断缩小。2000—2019 年，中美两国政府部门执行的研发经费规模均呈上升趋势，分别由 2000 年的 34.1 亿美元和 290.8 亿美元上升至 2019 年的 496.6 亿美元和 649.6 亿美元。在此期间，中国政府部门执行研发经费规模的年均增长率达到 15.1%，而美国仅为 4.3%。早在 2000 年，中国政府部门执行的研发经费规模就已超过英国，2007 年超越法国，2009 年超越德国和日本，位居世界第二（表 3.7 和图 3.4）。

表 3.7　2000—2019 年中美两国由政府执行的研发经费规模比较

（单位：亿美元）

年　份	中　国	美　国
2000	34.1	290.8
2001	37.5	333.1

(续　表)

年　份	中　国	美　国
2002	44.6	359.5
2003	50.4	379.3
2004	54.5	386.2
2005	65.2	403.8
2006	74.4	422.6
2007	94.1	447.0
2008	121.9	462.2
2009	158.9	488.6
2010	189.3	521.2
2011	220.0	549.7
2012	265.9	533.4
2013	311.7	523.7
2014	333.3	541.1
2015	364.1	546.7
2016	369.7	525.0
2017	397.9	541.2
2018	450.5	602.2
2019	496.6	649.6

数据来源：OECD。

中国高校执行的研发经费规模显著低于美国。2000—2019 年，中美两国高校执行的研发经费规模均呈上升趋势，中国由 9.3 亿美元增加到 260.5 亿美元，美国由 306.9 亿美元增加到 787.1 亿美元。虽然中国高校执行的研发规模年均增长率达到 19.2%，远高于美国的 5.1%，但与美国的差距依然显著，2019 年不及美国的一半(表 3.8 和图 3.5)。

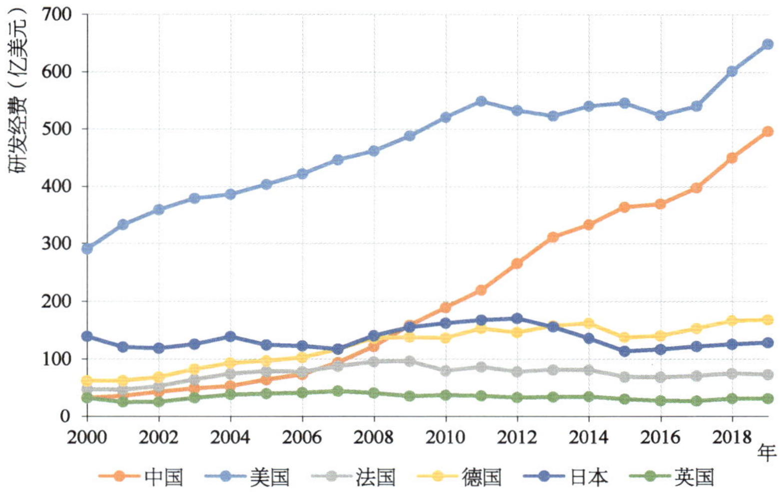

图 3.4　2000—2019 年中美两国及其他主要发达国家由政府执行的研发经费规模比较

（数据来源：OECD）

表 3.8　2000—2019 年中美两国由高校执行的研发经费规模比较

（单位：亿美元）

年　份	中　国	美　国
2000	9.3	306.9
2001	12.4	337.2
2002	15.8	378.9
2003	19.6	419.6
2004	24.3	447.8
2005	29.6	470.1
2006	34.8	489.5
2007	41.5	511.5
2008	56.3	539.2
2009	68.5	569.7
2010	88.4	603.7
2011	106.8	624.4

(续　表)

年　份	中　国	美　国
2012	123.9	609.0
2013	139.5	615.5
2014	145.6	623.5
2015	158.8	646.2
2016	161.1	677.7
2017	188.0	711.1
2018	219.9	749.0
2019	260.5	787.1

数据来源：OECD。

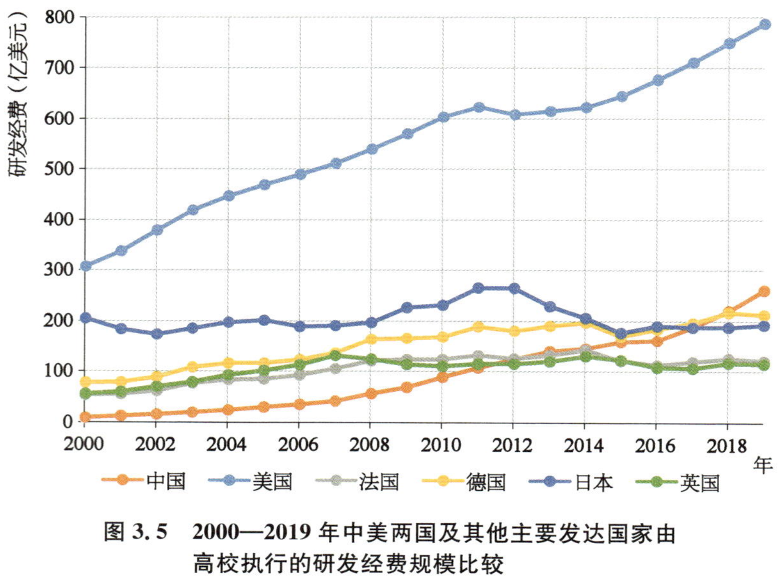

图 3.5　2000—2019 年中美两国及其他主要发达国家由高校执行的研发经费规模比较

(数据来源：OECD)

（五）研发经费活动类型

中国的基础研究和应用研究研发经费占比远低于美国，试验发展研发经费占比远高于美国。2000—2019 年，中国用于基础研究的研发经费占比始终徘徊在 5.0%左右；应用研究研发经费占比呈下降趋势，已由 17.0%下降至 11.3%；试验发展研发经费占比呈增长态势，已达到 82.7%。同期，美国用于基础研究的研发经费占比一直维持在 15.9%～19.1%，远远高于中国；应用研究研发经费占比基本维持在 20.0%左右，与中国的占比下滑态势相比，美国较为稳定；试验发展的经费投入占比保持在 58.2%～64.5%，远低于中国，且差距逐年增大（表 3.9 和图 3.6）。

表 3.9　2000—2019 年中美两国研发经费活动类型占比比较

（单位：%）

年份	中国			美国		
	基础研究	应用研究	试验发展	基础研究	应用研究	试验发展
2000	5.2	17.0	77.8	15.9	21.1	63.0
2001	5.3	17.7	76.9	17.1	22.9	60.0
2002	5.7	19.2	75.1	18.6	18.2	63.2
2003	5.7	20.2	74.1	19.1	20.9	59.9
2004	6.0	20.4	73.7	19.0	22.8	58.2
2005	5.4	17.7	76.9	18.7	21.4	59.9
2006	5.2	16.8	78.0	17.9	21.8	60.4
2007	4.7	13.3	82.0	17.9	22.0	60.1
2008	4.8	12.5	82.8	17.7	18.4	63.9
2009	4.7	12.6	82.7	18.2	18.7	63.1
2010	4.6	12.7	82.8	18.4	20.4	61.2
2011	4.7	11.8	83.4	17.4	19.6	63.0
2012	4.8	11.3	83.9	16.9	20.1	63.0
2013	4.7	10.7	84.6	17.4	19.4	63.2
2014	4.7	10.7	84.5	17.4	19.3	63.3
2015	5.1	10.8	84.2	17.0	19.7	63.3
2016	5.2	10.3	84.5	17.2	20.5	62.3

(续　表)

年份	中　国			美　国		
	基础研究	应用研究	试验发展	基础研究	应用研究	试验发展
2017	5.5	10.5	84.0	16.8	20.0	63.2
2018	5.5	11.1	83.3	16.7	19.2	64.1
2019	6.0	11.3	82.7	16.4	19.0	64.5

数据来源：OECD。

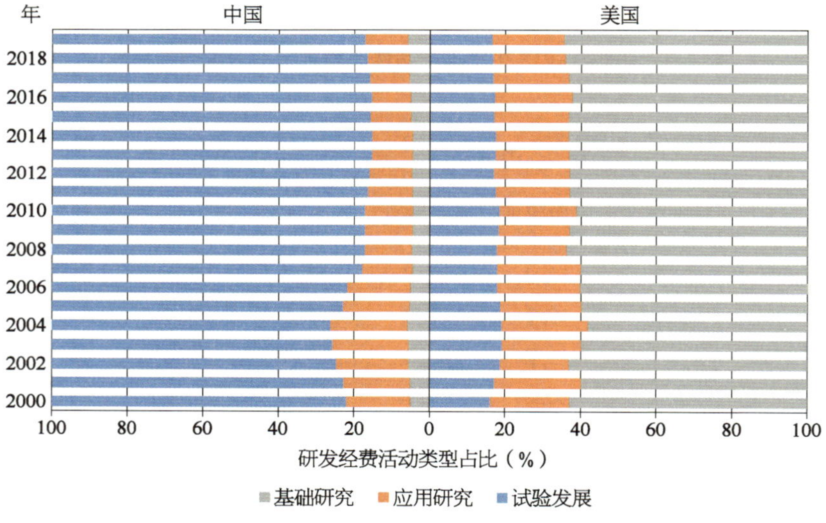

图 3.6　2000—2019 年中美两国研发经费活动类型占比比较

(数据来源：OECD)

美国的基础研究经费投入大幅领先中国，尽管中国的基础研究经费在高速增长，但与美国的绝对差距仍在持续扩大。2000—2019年，中美两国的基础研究经费均呈增长趋势，分别由 2000 年的 5.6 亿美元和 427.5 亿美元增长至 2019 年的 193.7 亿美元和 1 078.3 亿美元。虽然中国的年均增长率达到 20.5%，远高于美国的 5.0%，但中美绝对差距还在不断扩大，2019 年中国基础研究经费仍只有美国 1/5 左右(表 3.10 和图 3.7)。

表 3.10　2000—2019 年中美两国基础研究经费比较

（单位：亿美元）

年　份	中　国	美　国
2000	5.6	427.5
2001	6.7	477.3
2002	8.9	519.0
2003	10.6	560.9
2004	14.2	577.3
2005	16.0	613.2
2006	19.6	630.0
2007	23.0	680.5
2008	31.9	721.1
2009	39.6	737.7
2010	48.0	750.7
2011	63.9	747.5
2012	79.2	732.9
2013	90.4	791.0
2014	99.4	827.3
2015	113.9	842.3
2016	123.7	899.9
2017	144.8	934.7
2018	164.5	1 011.2
2019	193.7	1 078.3

数据来源：OECD。

中国应用研究经费投入规模远低于美国，与美国的绝对差距持续存在。2000—2019 年，中美两国的应用研究经费投入均呈上升趋势，中国的年均增长率高达 17.0%，由 18.3 亿美元增长到 362.3 亿美元；美国的年均增长率为 4.2%，由 566.8 亿美元增长到 1 248.5 亿美元。中国在 2015 年超过英国、法国，2018 年超过日本，但与美国依然存在较大的差距，2019 年仍不足美国的 1/3(表 3.11 和图 3.8)。

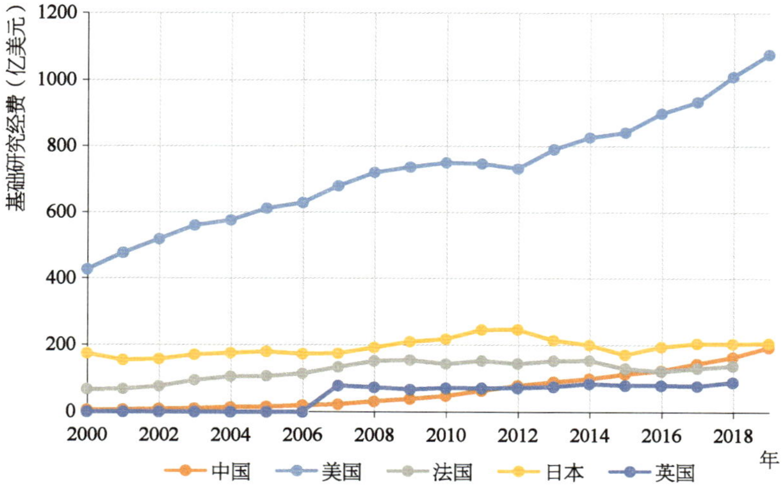

图 3.7　2000—2019 年中美两国及其他主要发达国家基础研究经费比较

（数据来源：OECD）

表 3.11　2000—2019 年中美两国应用研究经费比较

（单位：亿美元）

年　份	中　国	美　国
2000	18.3	566.8
2001	22.3	641.8
2002	29.8	508.0
2003	37.6	613.8
2004	48.4	694.7
2005	53.0	700.0
2006	63.4	767.4
2007	65.0	835.5
2008	83.0	747.9
2009	107.0	757.6
2010	132.2	832.3
2011	159.5	840.1
2012	184.4	870.7

（续　表）

年　份	中　国	美　国
2013	206.7	881.9
2014	226.6	918.0
2015	243.1	972.7
2016	242.0	1 068.3
2017	274.6	1 109.9
2018	330.5	1 163.2
2019	362.3	1 248.5

数据来源：OECD。

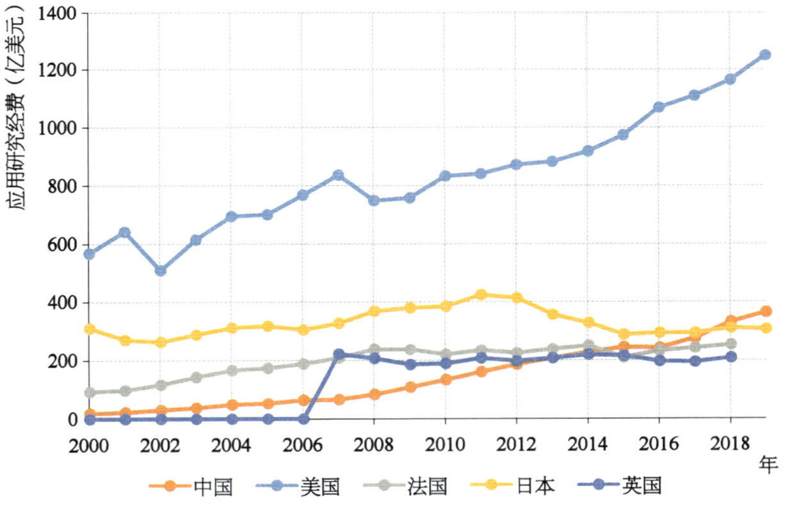

图 3.8　2000—2019 年中美两国及其他主要发达国家应用研究经费比较

（数据来源：OECD）

中国的试验发展经费增长迅猛，与美国差距逐渐缩小。2000—2019 年，中国的年均增长率高达 20.0%，而美国仅为 4.9%。2000 年，中国试验发展经费投入为 84.2 亿美元，远低于美国的 1 694.7 亿美元；2019 年，中国试验发展经费投入达到 2 654.8 亿美元，进一步缩小与美国的差距。至 2012 年,中国试验发展经费已超过法国、日本、英国等世界主要国家,领先优势持续扩大(表 3.12 和图 3.9)。

表 3.12　2000—2019 年中美两国试验发展经费比较

(单位:亿美元)

年份	中国	美国
2000	84.2	1 694.7
2001	96.9	1 678.1
2002	116.8	1 766.9
2003	137.8	1 755.9
2004	175.0	1 773.5
2005	230.4	1 958.6
2006	294.4	2 128.4
2007	401.2	2 280.8
2008	551.6	2 597.1
2009	703.0	2 556.1
2010	864.6	2 499.0
2011	1 123.9	2 701.2
2012	1 370.7	2 732.6
2013	1 632.0	2 869.8
2014	1 783.3	3 014.3
2015	1 896.2	3 129.8
2016	1 990.0	3 248.9
2017	2 194.7	3 507.8
2018	2 473.4	3 886.4
2019	2 654.8	4 233.5

数据来源:OECD。

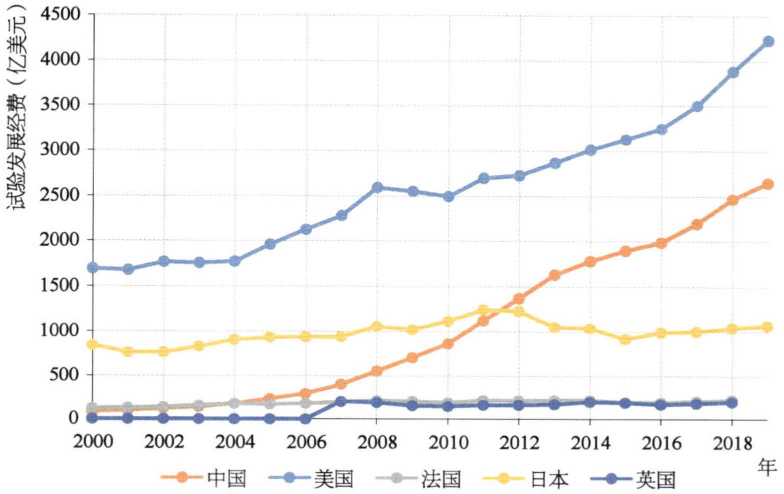

图 3.9　2000—2019 年中美两国及其他主要发达国家试验发展经费比较

（数据来源：OECD）

二、政府研发经费投入

政府研发经费投入是测度政府对研发活动的投资意愿和投资规模的重要指标。本节主要从投入总量与执行部门两方面对中美两国的政府研发经费投入情况进行比较与分析。

（一）政府研发经费投入总量

中国政府研发经费投入始终低于美国，但中国的增速高于美国，两国之间的差距在逐渐缩小。2000—2019 年，中国政府研发经费投入一直保持高速增长态势，由 36.1 亿美元增长到 657.9 亿美元，年均增长率高达 16.5%；美国政府研发经费投入呈先上升后下降的波动态势，但总体趋势为增长，由 707.2 亿美元增长到 1 452.6 亿美元，年均增长率为 3.9%。由于中国政府研发经费投入的快速增长，中国与美国差距不断缩小，并已大大超过其他发达国家。2019 年，中国政府研发经费投入规模约为美国的 45%(表 3.13 和图 3.10)。

表 3.13　2000—2019 年中美两国政府研发经费投入比较

（单位：亿美元）

年　份	中　国	美　国
2000	36.1	707.2
2001	/	778.8
2002	/	834.3
2003	55.6	903.5
2004	63.3	964.6
2005	78.9	1 010.4
2006	93.2	1 055.0
2007	120.5	1 109.3
2008	157.2	1 237.6
2009	198.9	1 327.4
2010	250.9	1 337.4
2011	292.0	1 343.8
2012	352.5	1 287.3
2013	407.2	1 252.3
2014	427.2	1 236.2
2015	479.1	1 252.1
2016	472.0	1 223.3
2017	517.8	1 273.1
2018	600.2	1 357.6
2019	657.9	1 452.6

注："/"为数据缺失，数据来源于 OECD。

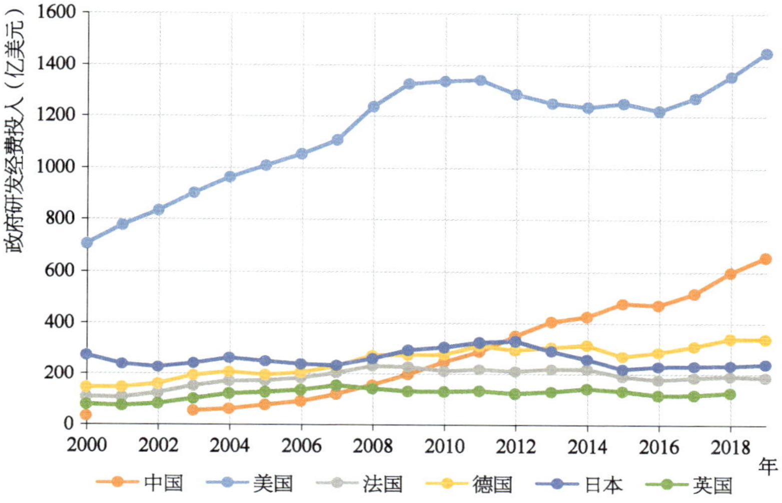

图 3.10　2000—2019 年中美两国及其他主要发达国家政府研发经费投入比较

（数据来源：OECD）

（二）政府研发经费执行部门

中国的政府研发经费主要由政府部门执行，一家独大；美国的政府研发经费由政府、企业和高校等多家执行，分配相对均衡。2003 年，中国的政府研发经费投入中由政府部门执行的比例高达 70.7%，此后这一比例虽有所下降，但直到 2019 年，仍然高达 62.6%；而由企业和高校执行的比例基本维持在 10.3%～16.4%和 20.0%左右，形成政府部门“一家独大”的局面。美国的政府研发经费投入中由政府部门执行的比例基本保持在 40.0%左右，这一比例远低于中国；由高校和企业执行的比例分别维持在 30.0%和 20.0%左右，两者均远高于中国（表 3.14 和图 3.11）。

表 3.14　2003—2019 年中美两国政府研发经费执行部门占比比较

（单位：%）

年份	中国			美国			
	企业	政府	高校	企业	政府	高校	非营利机构
2003	10.3	70.7	19.0	19.7	42.0	31.6	6.7
2004	12.0	67.2	20.8	21.0	40.0	32.0	6.9
2005	11.9	67.5	20.6	21.7	40.0	31.7	6.6
2006	13.0	66.5	20.4	23.0	40.1	31.1	5.8
2007	14.1	66.5	19.5	24.0	40.3	30.3	5.4
2008	13.4	65.9	20.7	29.4	37.3	28.2	5.1
2009	13.5	67.2	19.3	30.0	36.5	28.1	5.5
2010	14.0	64.9	21.2	25.7	38.7	30.2	5.5
2011	15.3	63.2	21.5	23.5	40.6	30.8	5.0
2012	16.3	62.3	21.3	23.9	41.2	29.9	5.0
2013	16.4	63.0	20.7	23.6	41.5	29.9	4.9
2014	16.0	63.6	20.4	21.6	43.5	29.8	5.1
2015	15.4	63.5	21.1	21.7	43.4	29.8	5.1
2016	14.3	63.8	21.9	19.9	42.6	31.5	5.9
2017	13.5	63.5	23.1	19.7	42.2	31.4	6.6
2018	12.3	63.2	24.4	18.6	44.1	30.9	6.4
2019	14.3	62.6	23.1	19.3	44.5	30.2	6.0

数据来源：OECD。

中国的政府研发经费中由政府部门执行的经费规模增长迅速，与美国差距缩小。2000—2019 年，中美两国政府部门执行的政府研发经费均呈上升趋势，且远高于日本、德国、法国及英国等发达国家；中国的年均增长率为 15.6%，美国为 4.3%，中国平均增速明显高于美国。2000 年，中国政府执行的政府研发经费为 26.3 亿美元，不及美国(290.8 亿美元)的 1/10，此后虽稳步增长，在 2019 年达到 411.5 亿美元，但仍不及美国的 2/3(表 3.15 和图 3.12)。

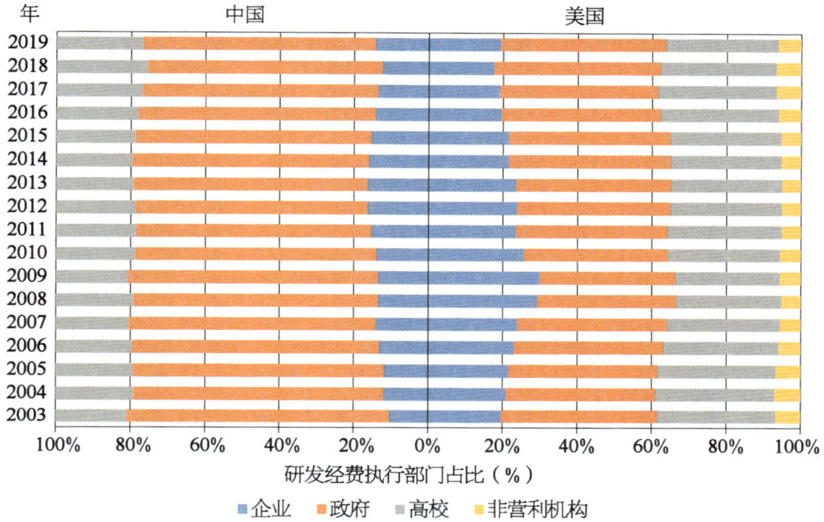

图 3.11　2003—2019 年中美两国政府研发经费执行部门占比比较

（数据来源：OECD）

表 3.15　2000—2019 年中美两国政府研发经费政府执行规模比较

（单位：亿美元）

年　份	中　国	美　国
2000	26.3	290.8
2001	/	333.1
2002	/	359.5
2003	39.3	379.3
2004	42.5	386.2
2005	53.3	403.8
2006	62.1	422.6
2007	80.0	447.0
2008	103.7	462.2
2009	133.6	484.5
2010	162.8	517.2
2011	184.4	546.1
2012	219.7	529.8

(续　表)

年　份	中　国	美　国
2013	256.4	520.3
2014	271.8	537.5
2015	304.1	543.2
2016	301.0	521.6
2017	328.6	537.8
2018	379.4	598.7
2019	411.5	646.1

注:“/”为数据缺失,数据来源于 OECD。

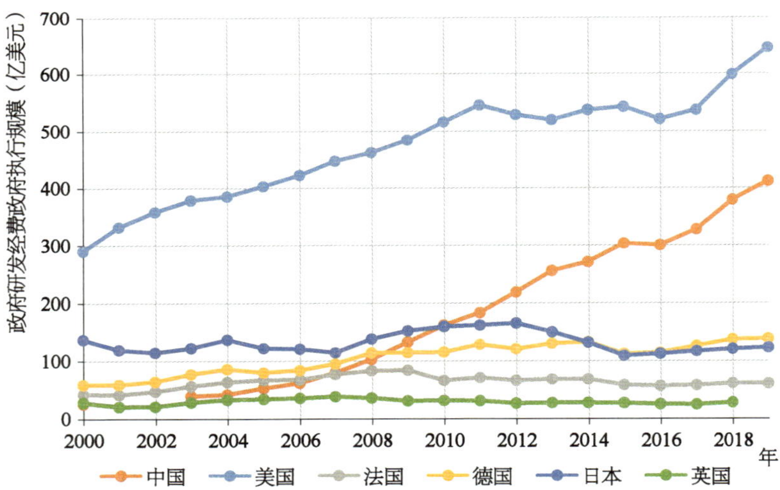

图 3.12　2000—2019 年中美两国及其他主要发达国家政府研发经费政府执行规模比较

(数据来源:OECD)

中国的政府研发经费中企业执行规模一直保持增长,而美国在近年来开始下滑,但仍远高于中国。2000—2019 年,中国企业执行的政府研发经费的年均增长率高达 17.4%,而美国则呈现“先增长后下降”的走势,年均增长率仅为 2.6%。2000 年,中国企业执行的政府研发经费(4.4 亿美元)远低于美国(171.2 亿美元),美国企业执行的政府研发经费在 2009 年达到最高值(397.7 亿美元),此后快速跌落,在 2019 年下降至 280.5 亿美元,虽经历大幅下降,但仍远高于中国(94.0 亿美元)及其他发达国家(表 3.16 和图 3.13)。

表 3.16　2000—2019 年中美两国政府研发经费企业执行规模比较

(单位:亿美元)

年　份	中　国	美　国
2000	4.4	171.2
2001	/	169.0
2002	/	164.0
2003	5.7	178.0
2004	7.6	202.7
2005	9.3	219.1
2006	12.2	243.0
2007	17.0	265.9
2008	21.0	363.6
2009	26.9	397.7
2010	35.0	343.6
2011	44.7	316.3
2012	57.6	307.8
2013	66.6	295.6
2014	68.4	266.9
2015	73.7	271.2
2016	67.6	243.5
2017	69.7	251.2
2018	74.1	253.2
2019	94.0	280.5

注:“/”为数据缺失,数据来源于 OECD。

中国的政府研发经费中高校执行规模稳步增长,但仍远低于美国。2000—2019 年,中国高校执行的政府研发经费呈上升趋势,年

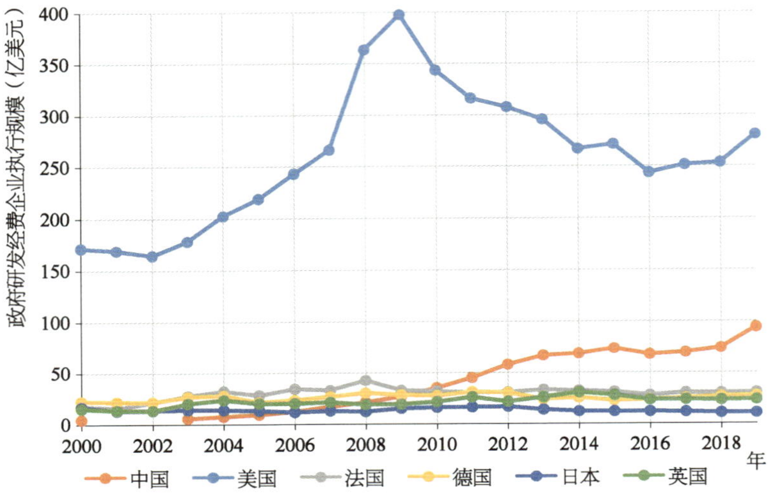

图 3.13　2000—2019 年中美两国及其他主要发达国家政府研发经费企业执行规模比较

(数据来源：OECD)

均增长率为 19.2%，远高于美国的 4.2%。但两国的基数差距较大，中国高校执行的政府研发经费在 2000 年仅为 5.4 亿美元，远低于美国的 199.7 亿美元。中国高校执行的政府研发经费分别于 2012 年超越英国(72.4 亿美元)，2015 年超越日本(93.0 亿美元)和法国(98.3 亿美元)，但与美国仍有较大差距，2019 年尚不及美国的 1/2(表 3.17 和图 3.14)。

表 3.17　2000—2019 年中美两国政府研发经费高校执行规模比较

(单位：亿美元)

年　份	中　国	美　国
2000	5.4	199.7
2001	/	221.6
2002	/	252.6
2003	10.6	285.8
2004	13.1	308.8

（续　表）

年　份	中　国	美　国
2005	16.3	320.8
2006	19.0	327.8
2007	23.4	336.0
2008	32.6	348.9
2009	38.4	372.4
2010	53.1	403.5
2011	62.8	414.3
2012	75.2	385.3
2013	84.2	374.8
2014	86.9	368.4
2015	101.3	373.3
2016	103.3	385.9
2017	119.5	400.3
2018	146.7	419.5
2019	152.0	438.39

注："/"为数据缺失，数据来源于 OECD。

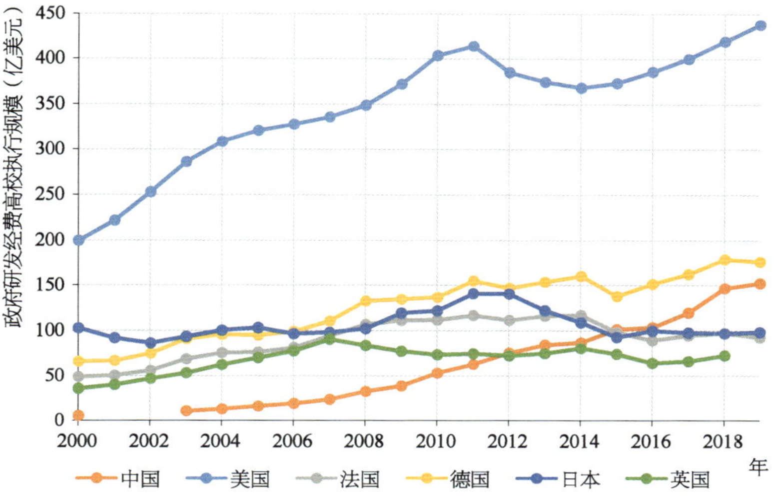

图 3.14　2000—2019 年中美两国及其他主要发达国家政府研发经费高校执行规模比较

（数据来源：OECD）

三、企业研发经费投入

企业研发经费投入是测度企业对研发活动的投资意愿和投资规模的重要指标。本节主要从投入总量与执行部门两方面对中美两国的企业研发经费投入情况进行比较。

(一) 企业研发经费投入总量

中国的企业研发经费投入持续迅速增加,但与美国相比仍存在较大差距。2000—2019 年,中美两国的企业研发经费投入均呈上升趋势,但中国的增速明显高于美国,其中,中国的年均增长率为 21.3%,而美国仅为 4.3%。在 2000 年,中国的企业研发经费投入(62.3 亿美元)远低于美国(1 860.4 亿美元);在 2013 年,中国的企业研发经费投入已超越日本,达到 1 439.1 亿美元,仅次于美国。此后,中国的企业研发经费投入在总量上相较于日本、德国、法国、英国等发达国家的领先优势逐步扩大。2019 年,中国的企业研发经费超过美国的 1/2(表 3.18 和图 3.15)。

表 3.18　2000—2019 年中美两国企业研发经费投入总量比较

(单位:亿美元)

年　份	中　国	美　国
2000	62.3	1 860.4
2001	/	1 883.4
2002	/	1 806.4
2003	111.8	1 861.1
2004	156.0	1 913.1
2005	200.7	2 077.3
2006	260.6	2 271.1

（续　表）

年　份	中　国	美　国
2007	344.3	2 467.4
2008	478.2	2 586.9
2009	609.5	2 353.1
2010	749.0	2 334.6
2011	995.8	2 508.7
2012	1 210.1	2 585.7
2013	1 439.1	2 780.0
2014	1 590.9	2 954.5
2015	1 683.7	3 096.9
2016	1 791.7	3 305.0
2017	1 999.2	3 476.9
2018	2 274.7	3 834.4
2019	2 448.6	4 162.6

注："/"为数据缺失，数据来源于 OECD。

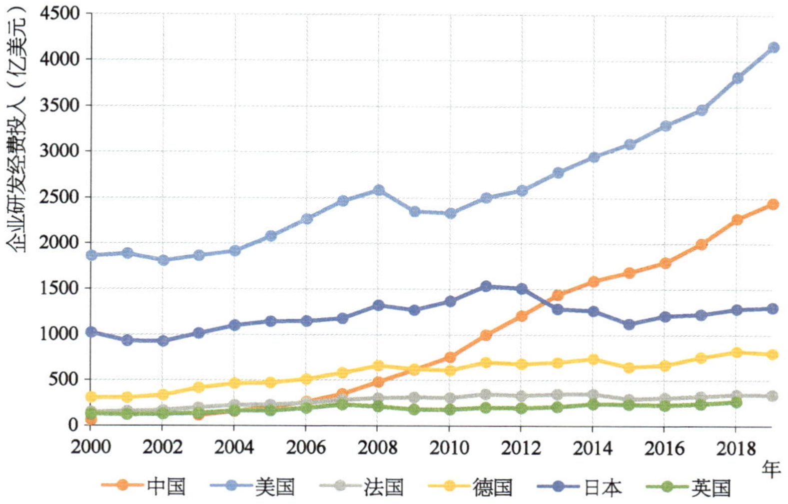

图 3.15　2000—2019 年中美两国及其他主要发达国家企业研发经费投入比较

（数据来源：OECD）

(二)企业研发经费执行部门

企业是中美两国企业研发经费投入的主要执行部门，占比远高于高校和政府，中国的企业研发经费中企业执行的占比逐年增长，但仍略低于美国。2003—2019年，中国企业执行的企业研发经费占比始终略低于美国。在2003年，中国的企业研发经费投入中由企业执行的比例为90.8%，到2019年升至96.3%，美国则一直维持在98%左右。高校是中美两国企业研发经费投入的第二大执行部门。中国的高校占比虽呈下降的趋势，从2003年的6.3%下降至2019年的2.8%，但始终高于保持在1%左右的美国，这说明中国高校与企业合作强度高于美国。政府执行的企业研发经费占比最低，中国从2003年的2.9%下降至2019年的0.9%，但仍高于几乎为零的美国(表3.19和图3.15)。

表3.19　2003—2019年中美两国企业研发经费执行部门占比比较

(单位：%)

年份	中国			美国			
	企业	政府	高校	企业	政府	高校	非营利机构
2003	90.8	2.9	6.3	98.3	/	1.2	0.5
2004	92.1	2.1	5.8	98.3	/	1.2	0.5
2005	93.0	1.6	5.4	98.3	/	1.1	0.5
2006	93.8	1.3	4.9	98.4	/	1.1	0.5
2007	94.4	1.3	4.2	98.4	/	1.1	0.5
2008	94.7	1.2	4.1	98.3	/	1.2	0.5
2009	94.8	1.1	4.1	98.0	0.1	1.4	0.5
2010	95.0	1.1	3.9	98.2	0.1	1.2	0.5
2011	95.3	0.9	3.8	98.3	0.1	1.1	0.5
2012	95.7	0.9	3.4	98.3	0.1	1.1	0.5
2013	95.7	1.0	3.3	98.3	0.1	1.1	0.5

（续　表）

年份	中　国			美　国			
	企业	政府	高校	企业	政府	高校	非营利机构
2014	96.1	0.9	3.1	98.3	0.1	1.1	0.5
2015	96.3	0.8	2.8	98.3	0.1	1.1	0.5
2016	96.4	1.0	2.6	98.3	0.1	1.1	0.5
2017	96.4	0.9	2.7	98.3	0.1	1.1	0.5
2018	96.6	0.9	2.6	98.4	0.1	1.1	0.5
2019	96.3	0.9	2.8	98.4	0.0	1.1	0.5

注：“/”为数据缺失，数据来源于 OECD。

中国的企业研发经费中政府执行规模远高于美国，且随着中国企业研发经费投入的快速增长，两国之间差距逐渐拉大。直到 2008 年前，美国政府部门执行的企业研发经费基本为 0，此后企业研发经费才开始投入政府部门，但经费规模十分有限。2000—2019 年，中国企业研发经费中由政府执行的研发经费快速增长，从 3.3 亿美元增加至 23.0 亿美元，远高于同期美国及其他发达国家（表 3.20 和图 3.16）。

表 3.20　2000—2019 年中美两国企业研发经费政府执行规模比较

（单位：亿美元）

年　份	中　国	美　国
2000	3.3	0
2001	/	0
2002	/	0
2003	3.3	0
2004	3.3	0
2005	3.2	0
2006	3.3	0

(续 表)

年 份	中 国	美 国
2007	4.6	0
2008	5.7	0
2009	6.8	1.8
2010	8.2	1.7
2011	9.3	1.9
2012	11.0	1.9
2013	14.2	2.0
2014	13.7	2.2
2015	14.2	2.1
2016	17.4	1.9
2017	18.1	1.9
2018	19.9	1.9
2019	23.0	1.8

注:"/"为数据缺失,数据来源于 OECD。

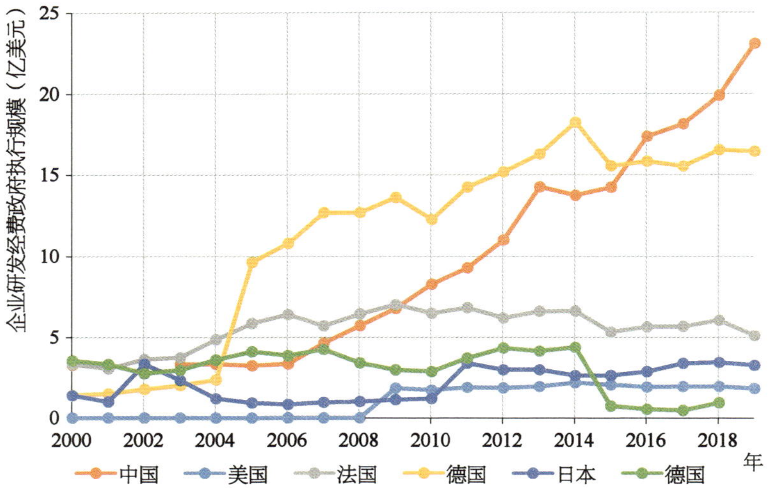

图 3.16 2000—2019 年中美两国及其他主要发达国家企业研发经费政府执行规模比较

(数据来源:OECD)

中国的企业研发经费中企业执行规模高速增长，但仍落后于美国。2000—2019 年，中美两国企业执行的企业研发经费均呈上升趋势，中国的增速高达 21.7%，而美国仅为 4.3%。在 2000 年，中国企业执行的企业研发经费规模远低于美国；在 2013 年，中国超越日本，仅次于美国；在 2019 年，中国企业执行的企业研发经费已超过美国的 1/2，且远高于其他发达国家(表 3.21 和图 3.17)。

表 3.21　2000—2019 年中美两国企业研发经费企业执行规模比较

（单位：亿美元）

年　份	中　国	美　国
2000	56.0	1 828.4
2001	/	1 851.2
2002	/	1 774.7
2003	101.5	1 829.3
2004	143.7	1 880.4
2005	186.6	2 042.5
2006	244.5	2 233.7
2007	325.1	2 426.8
2008	453.0	2 543.2
2009	577.6	2 306.7
2010	711.4	2 292.0
2011	948.8	2 465.5
2012	1 157.7	2 543.0
2013	1 377.7	2 733.6
2014	1 528.1	2 905.0
2015	1 621.6	3 044.9
2016	1 727.7	3 250.4
2017	1 927.6	3 419.1
2018	2 196.4	3 772.1
2019	2 357.3	4 095.8

注：“/”为数据缺失，数据来源于 OECD。

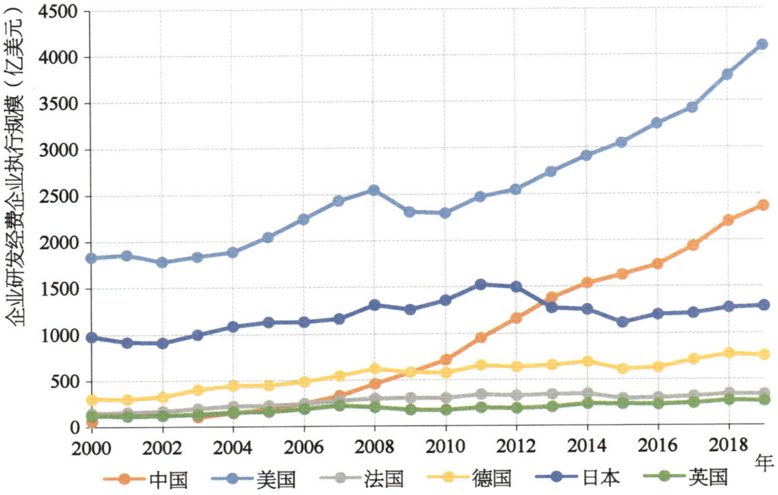

图 3.17　2000—2019 年中美两国及其他主要发达国家企业研发经费企业执行规模比较

（数据来源：OECD）

中国的企业研发经费中高校执行规模呈高速增长态势，现已超越美国。2000—2019 年，中国高校执行的企业研发经费高速增长，从 2000 年的 3.0 亿美元上升至 2019 年的 68.3 亿美元，年均增长率为 17.9%，经费规模和增长速度均远远超过美国和其他主要发达国家（表 3.22 和图 3.18）。

表 3.22　2000—2019 年中美两国企业研发经费高校执行规模比较

（单位：亿美元）

年　份	中　国	美　国
2000	3.0	21.7
2001	/	21.9
2002	/	21.8
2003	7.0	21.7
2004	9.0	22.3
2005	10.9	23.7

（续　表）

年　份	中　国	美　国
2006	12.7	25.6
2007	14.5	28.0
2008	19.5	30.7
2009	25.1	31.9
2010	29.4	28.2
2011	37.7	28.0
2012	41.3	27.2
2013	47.1	29.8
2014	49.1	31.9
2015	47.9	33.9
2016	46.7	35.6
2017	53.5	37.8
2018	58.4	40.8
2019	68.3	44.0

注："/"为数据缺失，数据来源于 OECD。

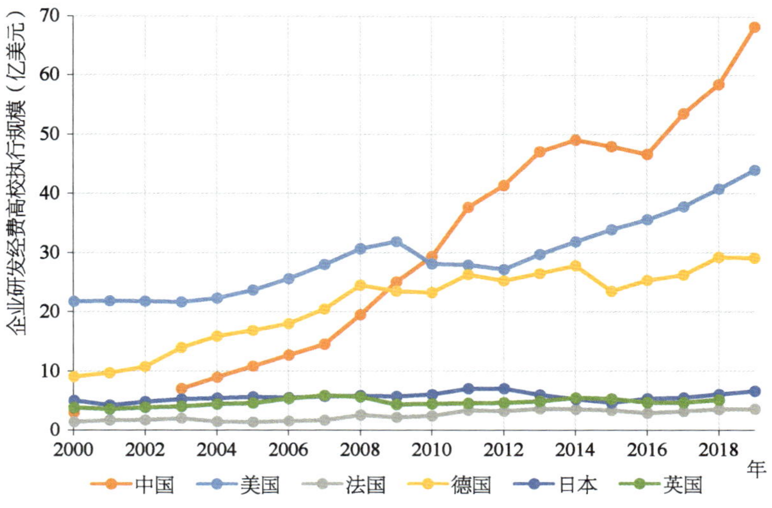

图 3.18　2000—2019 年中美两国及其他主要发达国家企业研发经费高校执行规模比较

（数据来源：OECD）

四、本 章 小 结

综上所述,中美两国在科技经费方面的比较呈现如下特点:

(1) 从总体来看,中国研发经费的投入总量仍远低于美国,不到美国的一半,研发经费的投入强度与美国也存在较大差距。

(2) 中国的基础研究经费投入规模远低于美国,且与美国的差距还在持续扩大;中国的应用研究经费投入规模远低于美国,且差距持续存在;中国的试验发展经费投入规模稳步增长,与美国差距不断缩小。

(3) 从研发经费的执行部门来看,中国企业和政府部门的执行占比高于美国,但中国高校的执行规模和占比显著低于美国,目前中国高校执行的研发经费不及美国的 1/3。

(4) 从研发经费的投入来源来看,中国企业研发经费投入占比已超过美国,但中国政府研发经费的投入规模和占比均明显低于美国。另外,美国的研发经费来源更多样化,除企业和政府外,还有相当一部分来源于国外、高校和非营利机构等,而中国的研发经费主要来源于企业和政府。

(5) 中国政府研发经费主要由政府部门执行,而美国政府研发经费由政府、企业和高校共同执行;中国政府部门执行的政府研发经费规模与美国差距不断缩小,但企业和高校执行的政府研发经费规模远低于美国。

(6) 中国企业研发经费投入中,高校和政府部门的规模和占比均高于美国,这表明中国高校和政府部门与企业之间的联系更加紧密。

第四章

中美科研论文产出比较

基础研究是科学之本、技术之源。科研论文作为基础研究的重要载体和主要表现形式，其规模和影响力基本上可以反映基础研究产出的数量与质量。本章基于 Clarivate Analytics 的 SCI 论文数据，从科研论文、高水平科研论文、国际科研合作论文及其学科分布和影响力等方面，比较分析中美两国在基础研究方面的差异。

一、科研论文的数量与影响力

科研论文的数量反映了科学研究的体量，经常被用于测量科研活动的规模。科研论文被引用次数是衡量其学术价值的重要参数，代表科研成果被国际同行关注、认可的程度，因而其常被用来测度科研成果的影响力。基于 2000—2020 年的 SCI 论文数据，本节从科研论文数量和科研论文影响力（即学科规范化的引文影响力，category normalized citation impact，CNCI）两个方面，比较分析中美两国科研产出的规模与影响力的差异。

（一）科研论文数量

中美科研论文数量差距快速缩小，至 2019 年，中国反超美国，居世界第一。长期以来，美国一直是世界第一科研论文产出大国，且始终保持较快增长速度。20 年来，中国科研论文产出迅猛增长，在 2005 年和 2006 年超过法国、英国、德国、日本等国后，成为世界第二科研论文大国，并快速向美国逼近，2019 年，中国超过美国，成为世界第一大科研论文大国。2000—2019 年，美国科研论文的年平均增长速度为 2.8%，而中国的增长速度为 16.5%，是美国的 5 倍多。中国的科研论文产出量若能继续保持过去的高速增长态势，则将在未来稳居世界第一（表 4.1 和图 4.1）。

（二）科研论文影响力

中美两国科研论文影响力差距巨大，但中国影响力快速上升，美国略有下降。2000—2019 年，中国科研论文规范化引文影响力快速上升，由 2000 年的 0.68 上升至 2019 年的 1.17；美国科研论文规范化引文影响力则持续保持在 1.2～1.4，但近年来有所下降，从 2012

表 4.1 2000—2019 年中美两国科研论文数量比较

（单位：篇）①

年 份	中 国	美 国
2000	25 711	245 977
2001	30 328	245 467
2002	34 594	248 755
2003	42 182	257 844
2004	53 286	267 677
2005	65 691	277 176
2006	79 032	285 794
2007	88 369	291 188
2008	101 510	302 706
2009	117 477	308 239
2010	129 762	320 863
2011	151 719	335 955
2012	176 807	346 015
2013	209 180	360 380
2014	242 426	366 642
2015	272 100	373 668
2016	299 240	383 296
2017	332 869	391 559
2018	382 500	400 754
2019	469 278	429 051

数据来源：http://www.webofscience.com/。

年的 1.39 下降至 2019 年的 1.25。整体而言，美国科研论文影响力始终高于中国，但随着中国科研论文影响力的快速上升，中美差距在快速缩小。

对比其他主要发达国家发现，英国科研论文影响力的快速上升

① 本章数据源自 Web of Science 数据库，该数据库每年更新时会对往年数据进行核查调整，故而每次更新后，历年数据都会出现小幅度变化，因此本章相关数据与《中美科技竞争力评估报告(2019)》中的对应数据略有差异。

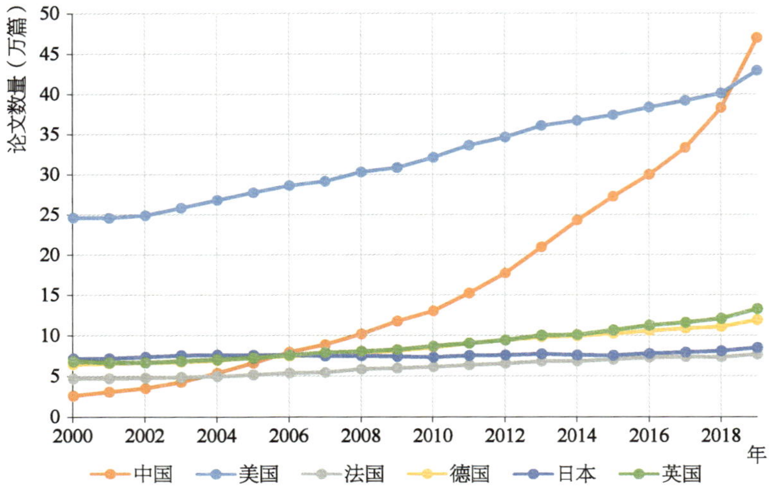

图 4.1　2000—2019 年中美两国及其他主要发达国家科研论文数量变化趋势比较

(数据来源：http://www.webofscience.com/)

尤为引人注目。英国在 2009 年超越美国成为世界科研论文影响力最大的国家，且两国的差距逐年拉大。至 2019 年，英国科研论文影响力达到 1.43。法国和德国两国的科研论文影响力增长轨迹几乎一致，至 2019 年，两国科研论文影响力与美国不相上下。日本的科研论文影响力上升趋势较缓，2019 年仅为 0.96，低于全球平均水平(全球平均科研论文影响力为 1)，也低于中国(表 4.2 和图 4.2)。

表 4.2　2000—2020 年中美科研论文影响力比较

年　份	中　国	美　国
2000	0.68	1.39
2001	0.69	1.40
2002	0.76	1.40
2003	0.78	1.40
2004	0.79	1.39

（续　表）

年　份	中　国	美　国
2005	0.80	1.37
2006	0.81	1.37
2007	0.87	1.37
2008	0.91	1.39
2009	0.95	1.39
2010	0.97	1.39
2011	0.99	1.38
2012	1.02	1.39
2013	1.02	1.37
2014	1.04	1.35
2015	1.06	1.35
2016	1.09	1.33
2017	1.13	1.31
2018	1.17	1.28
2019	1.17	1.25

数据来源：http://www.webofscience.com/。

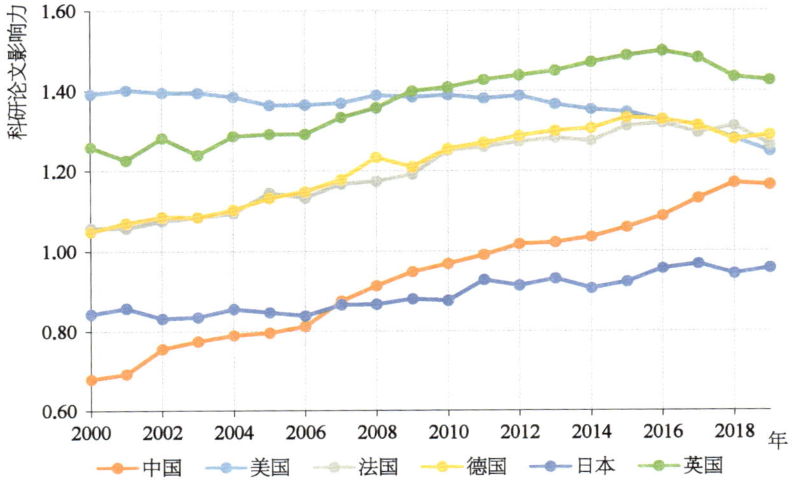

图 4.2　2000—2019 年中美两国及其他主要发达国家科研论文影响力比较

（数据来源：http://www.webofscience.com/）

表 4.5　2015—2019 年中美两国自然指数比较

年　份	FC 指数		AC 指数	
	中国	美国	中国	美国
2015	7 679.6	20 773.3	10 696	27 567
2016	8 099.2	20 010.9	11 199	26 921
2017	9 224.3	19 858.4	12 754	27 116
2018	11 372.3	20 357.2	15 589	28 329
2019	13 566.1	20 152.5	18 026	28 403

数据来源：http://www.natureindex.com/。

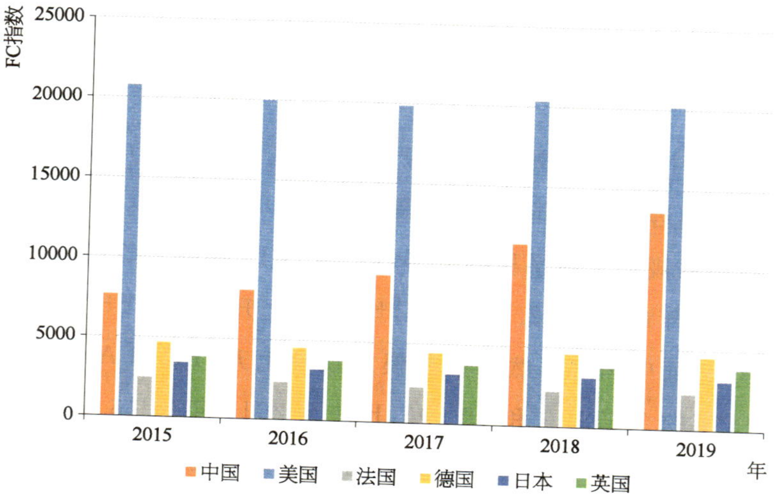

图 4.5　2015—2019 年中美两国及其他主要发达国家文章分值(FC)自然指数规模变化比较

(数据来源：http://www.natureindex.com/)

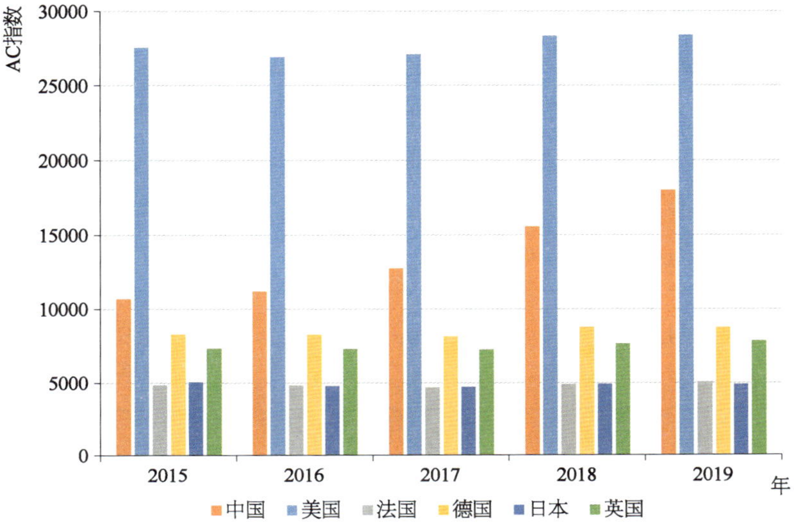

图 4.6　2015—2019 年中美两国及其他主要发达国家论文总数(AC)自然指数规模变化比较

(数据来源：http://www.natureindex.com/)

三、国际科研合作论文的数量与影响力

21 世纪以来,科研全球化的广度和深度不断加强,科学正在走向“全球化的科学”。当前的科学研究已经从个人、机构和国家进入合作时代,国际科研合作已成为前沿科学发现的主导力量,催生了众多高质量的科研成果。本节比较分析中美国际科研合作的规模与影响力的差异。

(一) 国际科研合作论文的数量

美国国际科研论文合作量远超中国,中美差距整体呈扩大趋势。2000—2019 年,中美两国的国际科研论文合作量皆呈现出快速上升的趋势,分别由 2000 年的 5 730 篇和 55 043 篇增长至 2019 年的

122 538 篇和 188 823 篇。不过，虽然中国的年均增长率高达 17.5%，远超美国的 6.7%，但中美两国的差距由 2000 年的 49 313 篇增长至 2019 年的 66 285 篇，中美差距呈持续扩大态势。对比全球其他主要国家发现，美国国际科研论文合作量始终位居全球第一，而中国在 2015 年超过英国后，成为仅次于美国的国际科研论文合作大国(表 4.6 和图 4.7)。

表 4.6　2000—2019 年中美两国国际科研合作论文数量比较

（单位：篇）

年　份	中　国	美　国
2000	5 730	55 043
2001	6 735	57 987
2002	7 913	61 359
2003	9 388	65 458
2004	11 474	69 681
2005	13 430	73 439
2006	16 176	78 025
2007	18 116	83 678
2008	21 853	89 444
2009	25 867	94 774
2010	30 430	102 640
2011	36 045	111 773
2012	41 558	119 765
2013	49 511	129 828
2014	57 721	137 400
2015	66 724	146 485
2016	76 795	159 190
2017	87 054	166 254
2018	101 909	173 750
2019	122 538	188 823

数据来源：http://www.webofscience.com/。

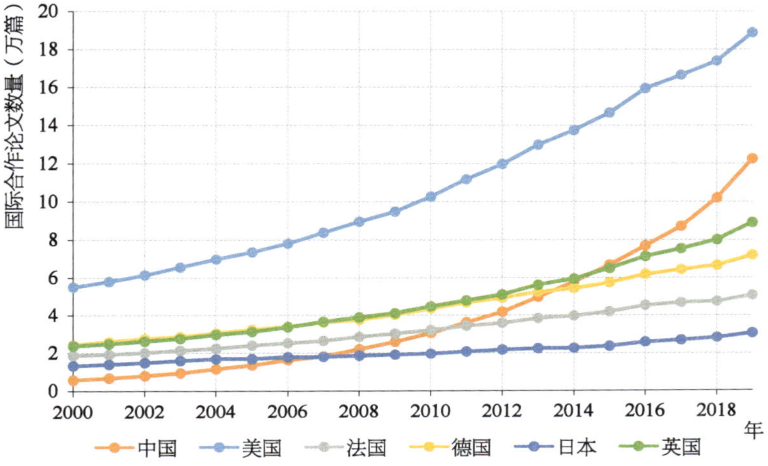

图 4.7　2000—2019 年中美两国及其他主要发达国家国际科研合作论文数量比较

（数据来源：http://www.webofscience.com/）

（二）国际科研合作论文的影响力

中国国际科研合作论文的影响力显著增强，现已超越美国。2000—2019 年，中国国际科研合作论文的影响力上升趋势明显，从 2000 年的 1.12 上升至 2019 年的 1.59；而美国国际科研合作论文的影响力呈现较小的波动，从 2000 年的 1.58 下降至 2019 年的 1.54。整体而言，中国国际科研合作论文的影响力已在 2018 年超越美国。对比其他主要国家发现，英国的国际科研合作论文的影响力最高，在 2019 年达到 1.64，其次是德国，中国和美国居后（表 4.7 和图 4.8）。

表 4.7　2000—2019 年中美两国国际科研合作论文影响力比较

年　份	中　国	美　国
2000	1.12	1.58
2001	1.12	1.57
2002	1.18	1.58

(续　表)

年　份	中　国	美　国
2003	1.16	1.58
2004	1.24	1.58
2005	1.25	1.55
2006	1.26	1.56
2007	1.32	1.57
2008	1.38	1.59
2009	1.44	1.62
2010	1.42	1.66
2011	1.44	1.66
2012	1.53	1.69
2013	1.49	1.64
2014	1.52	1.63
2015	1.52	1.63
2016	1.55	1.61
2017	1.59	1.59
2018	1.59	1.58
2019	1.59	1.54

数据来源：http://www.webofscience.com/。

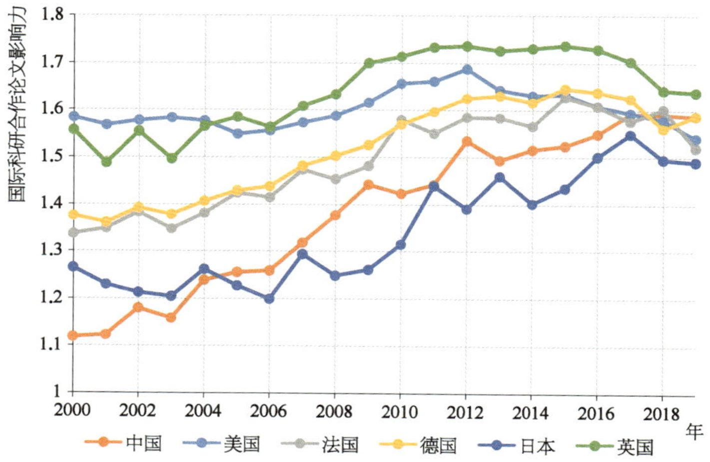

图 4.8　2000—2019 年中美两国及其他主要发达国家国际科研合作论文影响力变化趋势比较

(数据来源：http://www.webofscience.com/)

四、学科分布与影响力

学科是科学体系的基本组成单元，其竞争力态势决定了整体科研竞争力水平。本节从学科视角出发，对比中美两国的主要学科规模与影响力差异，识别中美两国的学科优势与劣势。

（一）科研论文的学科分布

中国科研论文发文量最大的学科是工程科学，美国科研产出的第一学科是临床医学。中国有 10 个学科论文数量超过美国，其中，工程科学、化学、材料科学科研论文数量优势明显。从 2019 年科研论文的学科分布来看，中国学科发文量前五的学科分别是工程科学（80 899 篇）、化学（68 639 篇）、材料科学（58 005 篇）、临床医学（45 866 篇）和物理学（33 033 篇）。美国学科发文量前五的学科则分别是临床医学（89 256 篇）、工程科学（29 997 篇）、化学（26 657 篇）、精神病学/心理学（22 304 篇）和物理学（20 816 篇）。中国在工程科学、化学、材料科学 3 个学科上的论文数量明显多于美国，分别领先 50 902 篇、41 982 篇、40 050 篇；物理学、计算机科学、环境/生态学、农业科学、药理学与毒物学、数学、分子生物学与遗传学、生物学与生物化学论文数量稍占优势。美国则在临床医学、精神病学/心理学、神经科学与行为科学科研论文数量上大幅超过中国，分别领先 43 390 篇、15 899 篇、12 154 篇。其中，美国精神病学/心理学的科研论文发文量是中国的 3.5 倍。另外，美国在空间科学和神经科学与行为科学这两个学科上也具有较大优势，发文量分别是中国的 3.1 倍和 2.8 倍（表 4.8 和图 4.9）。

就各学科科研论文发文量国际占比而言，中国在材料科学、工程科学、化学、计算机科学、物理学、药理学与毒物学、环境/生态学上占

表 4.8　2019 年中美各学科论文数量与国际排名

学　科	中　国		美　国	
	论文数量(篇)	国际排名	论文数量(篇)	国际排名
农业科学	12 772	1	8 191	2
生物学与生物化学	20 044	1	19 229	2
化学	68 639	1	26 657	2
临床医学	45 866	2	89 256	1
计算机科学	18 611	1	9 312	2
工程科学	80 899	1	29 997	2
环境/生态学	23 751	1	17 994	2
地球科学	18 906	1	15 596	2
免疫学	3 733	2	8 775	1
材料科学	58 005	1	17 955	2
数学	12 941	1	11 035	2
微生物学	4 514	2	5 956	1
分子生物学与遗传学	17 023	1	15 161	2
综合交叉学科	301	2	730	1
神经科学与行为科学	6 695	2	18 849	1
药理学与毒物学	12 359	1	8 352	2
物理学	33 033	1	20 816	2
植物学与动物科学	14 801	1	18 511	1
精神病学/心理学	6 405	2	22 304	1
空间科学	2 419	5	7 422	1

数据来源：http://www.webofscience.com/。

据明显优势，美国则在精神病学/心理学、空间科学、神经科学与行为科学、免疫学、综合交叉学科、临床医学上大幅领先中国。2019 年，中国科研论文发文量国际占比前五的学科分别为材料科学(43.5%)、工程科学(39.1%)、化学(35.6%)、计算机科学(35.4%)和分子生物学与遗传学(34.7%)，发文量国际占比均超过 30%，这意

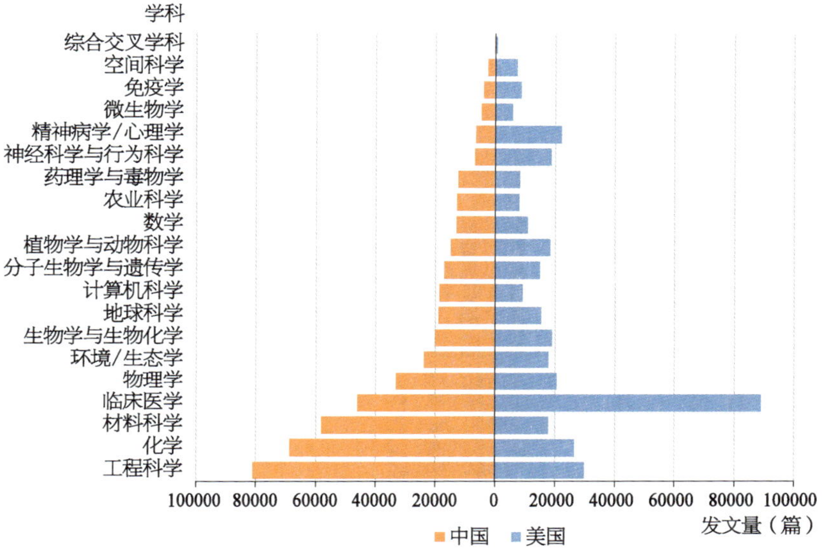

图 4.9　2019 年中美两国各学科科研论文发文量对比

（数据来源：http://www.webofscience.com/）

味着在全球范围内这些学科中至少有 1/3 的论文有中国学者参与。美国科研论文发文量国际占比前五的学科则分别为空间科学（46.0%）、精神病学/心理学（43.1%）、神经科学与行为科学（37.9%）、免疫学（36.0%）和综合交叉学科（32.8%）。其中，空间科学表现尤为抢眼，美国学者发表了该领域内近 50%的科研论文（图 4.10）。

在列举的 20 个学科中，中国有 12 个学科的科研论文发文量位居全球第一，而剩余 8 个学科的科研论文发文量美国均居全球第一。2019 年，中国科研论文发文量全球排名第一的学科是农业科学、生物学与生物化学、化学、计算机科学、工程科学、环境/生态学、地球科学、材料科学、数学、分子生物学与遗传学、药理学与毒物学和物理学。除了空间科学位列世界第五以外，其余学科的科研论文发文量均位居世界第二。美国除了有 12 个学科的科研论文发文量全球排

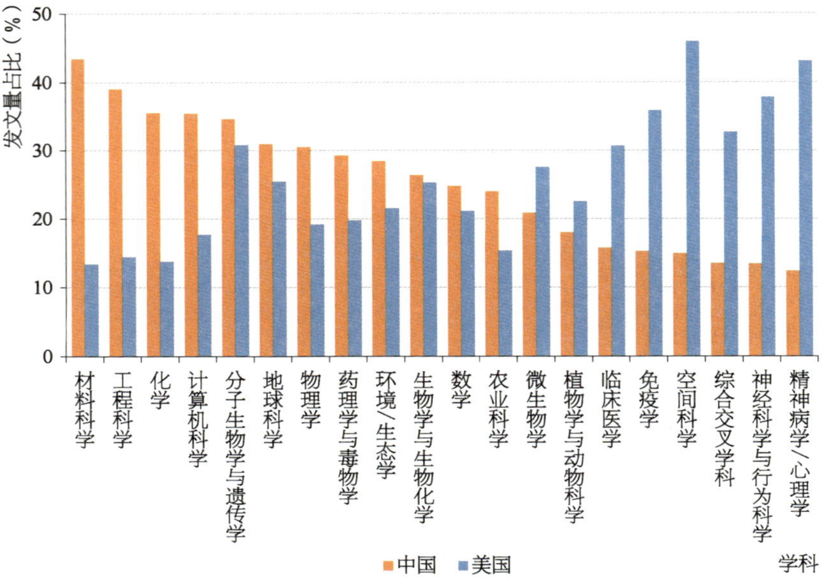

图 4.10　2019 年中美两国各学科科研论文发文量国际占比比较

(数据来源：http://www.webofscience.com/)

名第二以外，其余学科的科研论文发文量总量均位居全球第一(表 4.8)。

工程科学是中国科研论文增量最多的学科，而美国科研论文增量最多的学科是临床医学。中国有 16 个学科的科研论文数量增加超过美国，仅有精神病学/心理学、空间科学、神经科学与行为科学、综合交叉学科不及美国。2000—2019 年，中国各学科科研论文发文量均有较大幅度的增加，排名前五的学科分别是工程科学(78 552 篇)、化学(61 360 篇)、材料科学(54 751 篇)、临床医学(44 718 篇)和物理学(28 167 篇)。美国仅有临床医学科研论文数量增加显著，其余学科增量平稳，排名前五的学科分别是临床医学(40 185 篇)、工程科学(13 938 篇)、精神病学/心理学(12 246 篇)、材料科学(11 713 篇)、环境/生态学(11 661 篇)(图 4.11)。

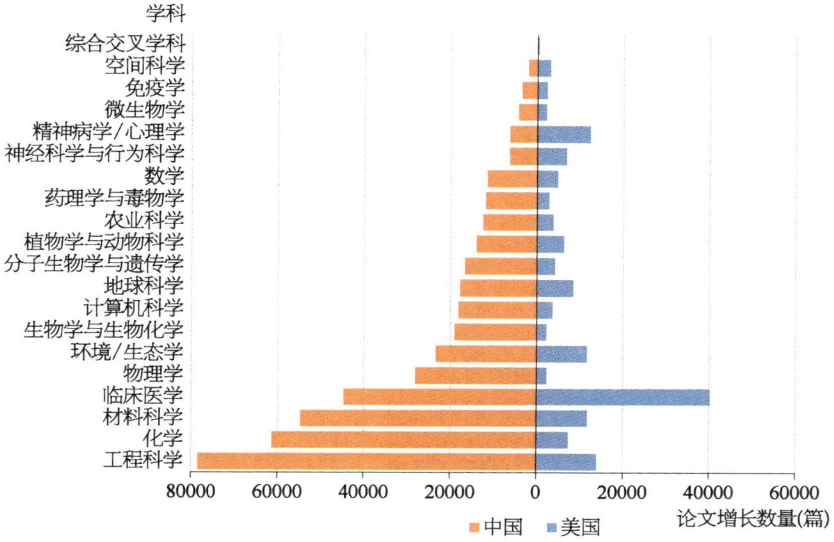

图 4.11　2000—2019 年中美两国各学科科研论文增长数量对比分析

（数据来源：http://www.webofscience.com/）

中国各学科科研论文发文量增幅较大，展现出强劲的发展态势，且均优于美国各学科的表现。2000—2019 年，中国学科科研论文发文量增幅最大的是精神病学/心理学，增幅为 13 243.8%，其后依次为环境/生态学（6 947.8%）、分子生物学与遗传学（5 894.0%）、农业科学（5 289.0%）、计算机科学（4 611.7%）。与此同时，美国科研论文发文量增幅最大的学科是材料科学，增幅为 187.7%，其后依次为环境/生态学（184.1%）、精神病学/心理学（121.8%）、地球科学（117.4%）、工程科学（87.8%）（图 4.12）。

（二）国际科研合作论文的学科分布

中国国际科研合作论文发文量最大的学科是工程科学，而临床医学则是美国国际科研合作论文发文量第一的学科。中国仅有工程科学、化学、材料科学、计算机科学的国际科研合作论文发文量略微多于美国，其余学科远不及美国。2019 年，中国国际科研合作论文

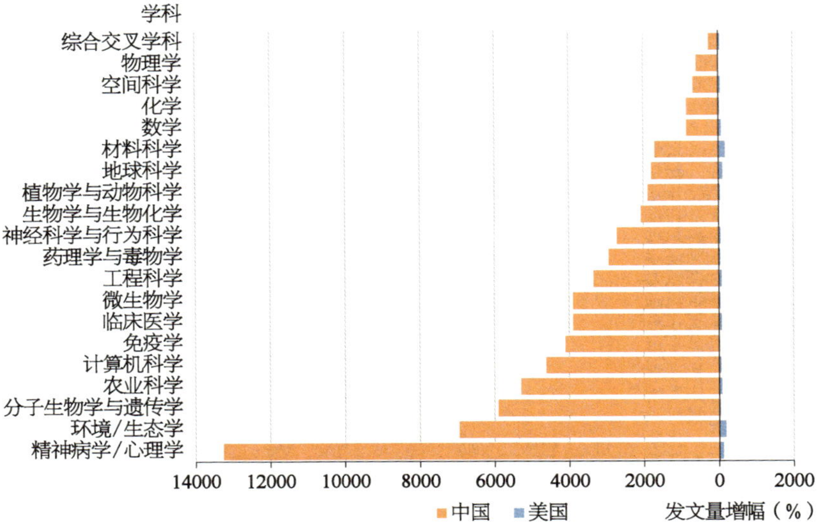

图 4.12　2000—2019 年中美两国各学科科研论文发文量增幅比较

(数据来源:http://www.webofscience.com/)

发文量前五的学科分别是工程科学(21 772 篇)、材料科学(14 108 篇)、化学(13 192 篇)、物理学(9 154 篇)和临床医学(8 629 篇)。美国国际科研合作论文发文量前五的学科则分别为临床医学(31 973 篇)、工程科学(15 288 篇)、化学(12 588 篇)、物理学(11 632 篇)和材料科学(10 149 篇)。在工程科学、材料科学、计算机科学和化学领域内,中国的国际科研合作论文发文量分别比美国多 6 484 篇、3 959 篇、1 205 篇和 604 篇。美国则在其余学科全面领先中国:在临床医学领域内,美国国际科研合作论文发文量比中国多 23 344 篇;在免疫学、神经科学与行为科学、空间科学、综合交叉学科领域内,美国国际科研合作论文发文量大幅超过中国,分别为中国的 4.3 倍、3.8 倍、3.6 倍、3.2 倍(图 4.13)。

工程科学是中国国际科研合作论文数量增加最大的学科,美国国际科研合作论文发文量增加最多的学科是临床医学,中国多数学科增量不及美国。2000 年,中国国际科研合作论文数量最多的学科

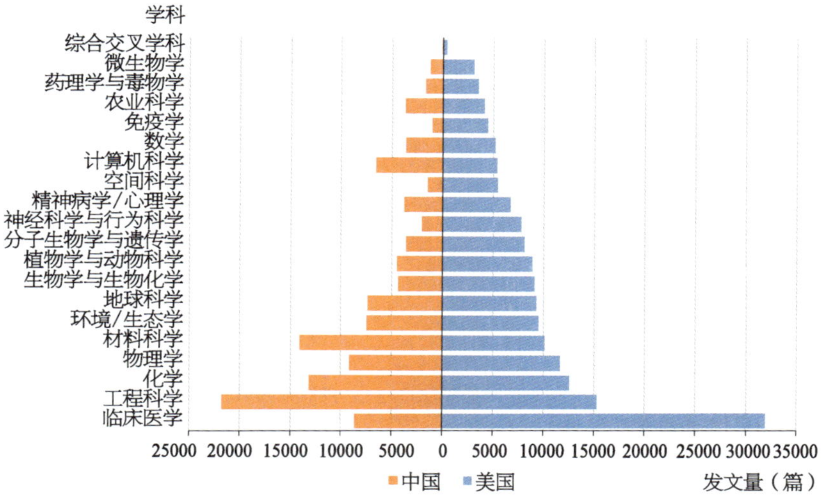

图 4.13　2000—2019 年中美两国各学科国际科研合作论文发文量比较

（数据来源：http://www.webofscience.com/）

是物理学，也是唯一合作量突破 1 000 篇的学科。2019 年，中国论文国际合作量超过 1 000 篇的学科达到 19 个。中国国际科研合作论文数量增量前五的学科分别为工程科学（21 183 篇）、材料科学（13 548 篇）、化学（12 335 篇）、临床医学（8 252 篇）和物理学（7 994 篇）。美国仅有临床医学和工程科学国际科研合作论文数量增加显著，其余学科增量平稳，排名前五的学科分别是临床医学（23 545 篇）、工程科学（12 070 篇）、材料科学（8 632 篇）、环境/生态学（8 334 篇）和化学（8 190 篇）（图 4.14）。

中国各学科国际科研合作论文增幅显著，表现出积极的合作态势，优于美国各学科的表现。2000—2019 年，中国国际科研合作论文发文量增幅最大的学科是精神病学/心理学，高达 10 433.3%，计算机科学、环境/生态学、工程科学紧随其后，增幅均超过 3 000%。环境/生态学是美国增幅最大的学科，为 683.7%，增幅大于 400%的学科还有材料科学、精神病学/心理学。美国所有学科均有不同程度的提升，不过低于同期中国增长（图 4.15）。

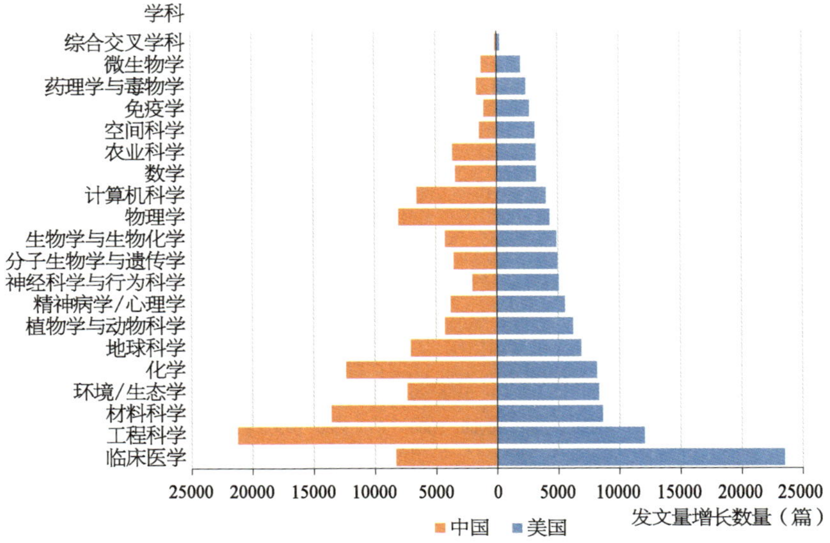

图 4.14　2000—2019 年中美两国各学科国际科研合作论文发文量增长数量比较

（数据来源：http://www.webofscience.com/）

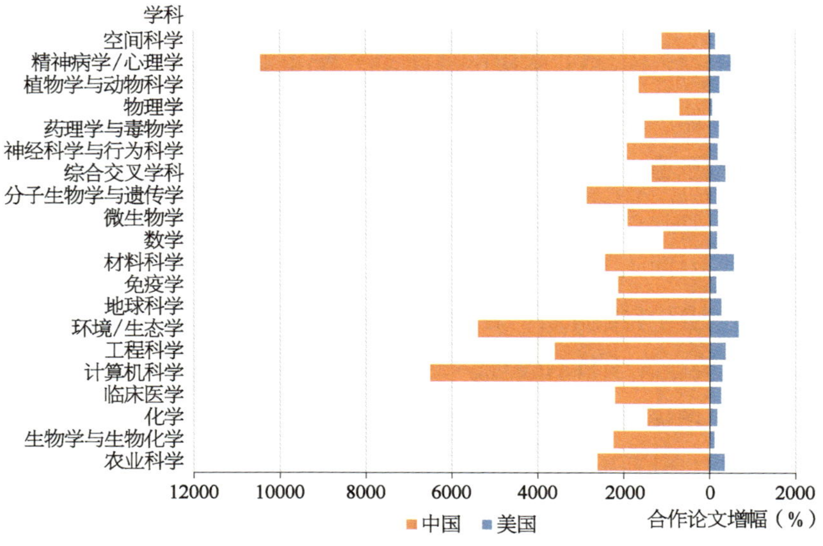

图 4.15　2000—2019 年中美两国各学科国际科研合作论文增幅比较

（数据来源：http://www.webofscience.com/）

为了消除不同学科领域差异带来的影响，本报告计算了学科国际合作相对活跃度（PAI），凸出（PAI＞1）或凹陷（PAI＜1）意味着该学科国际合作相对活跃或欠活跃。材料科学是中国国际科研合作最为活跃的学科，活跃度达到1.89。中国国际科研合作活跃度大于1的学科还有工程科学、计算机科学、化学、地球科学、农业科学、环境/生态学、精神病学/心理学和数学，这意味着这些学科比其他学科更为活跃地参与国际合作。美国国际科研合作相对活跃度最高的学科是分子生物学与遗传学，其后依次为神经科学与行为科学、精神病学/心理学、综合交叉学科、免疫学、生物学与生物化学、临床医学、微生物学、空间科学、地球科学、药理学与毒物学。相比而言，中国国际科研合作相对活跃的学科是应用学科，美国则是基础研究学科，反映出中美两国优势科研领域的差异（图4.16）。

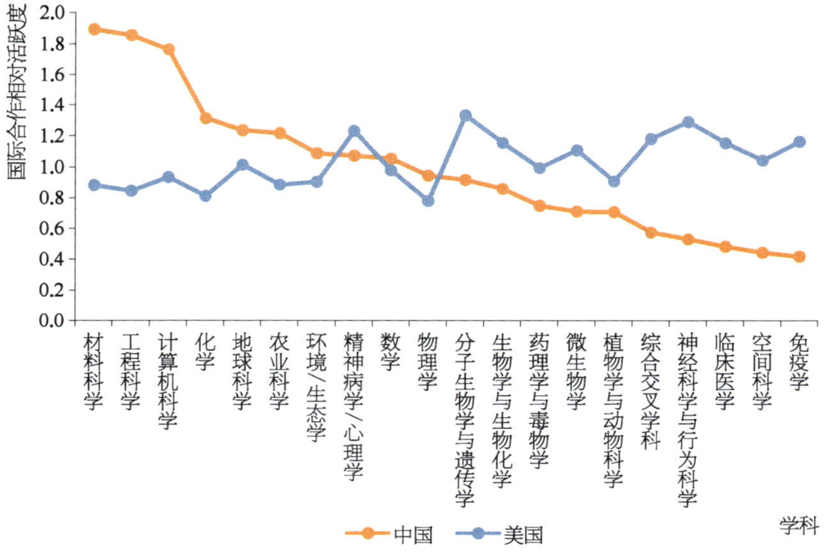

图4.16　2019年中美两国各学科国际合作相对活跃度比较

（数据来源：http://www.webofscience.com/）

(三) 高被引论文的学科分布

工程科学是中国 ESI 论文最多的学科,美国则是临床医学"一家独大"。中国有 7 个学科 ESI 论文数量超过美国,其中,工程科学、化学、材料科学、计算机科学、数学 ESI 论文数量优势明显。2019 年,中国 ESI 论文数量前五的学科分别是工程科学(1 268 篇)、化学(860 篇)、材料科学(785 篇)、物理学(375 篇)和计算机科学(355 篇)。美国 ESI 论文数量前五的学科分别是临床医学(1 674 篇)、物理学(380 篇)、工程科学(324 篇)、生物学与生物化学(322 篇)和材料科学(313 篇)。中国在工程科学、化学、材料科学、计算机科学、数学 5 个学科的 ESI 论文数量上多于美国,分别领先 944 篇、553 篇、472 篇、253 篇、253 篇;农业科学和环境/生态学 ESI 论文数量稍占优势。美国则在临床医学的 ESI 论文数量上大幅领先,为 1 328 篇。此外,美国在免疫学、神经科学与行为科学、空间科学、综合交叉学科、分子生物学与遗传学的 ESI 论文数量上也具有较大优势,分别为中国的 10.3 倍、6.8 倍、6.8 倍、4.7 倍、3.3 倍(图 4.17)。

工程科学是中国 ESI 论文数量增加最多的学科,美国 ESI 论文增量第一的学科是临床医学。中国所有学科发文量均正向增长,美国部分学科小幅下降。2000—2019 年,中国各学科 ESI 论文发文量均有不同程度的增加,排名前五的学科分别是工程科学(1 076 篇)、材料科学(669 篇)、化学(631 篇)、计算机科学(332 篇)和环境/生态学(307 篇)。美国仅有临床医学 ESI 论文数量增加显著,多数学科增量平稳,排名前五的学科分别是临床医学(565 篇)、工程科学(88 篇)、生物学与生物化学(82 篇)、分子生物学与遗传学(78 篇)和环境/生态学(73 篇)。相比而言,中国有 13 个学科 ESI 论文数量增量超过美国,另外 7 个学科增量不及美国(图 4.18)。

中国各学科 ESI 论文发文量增幅显著,展现出强劲的发展态势,

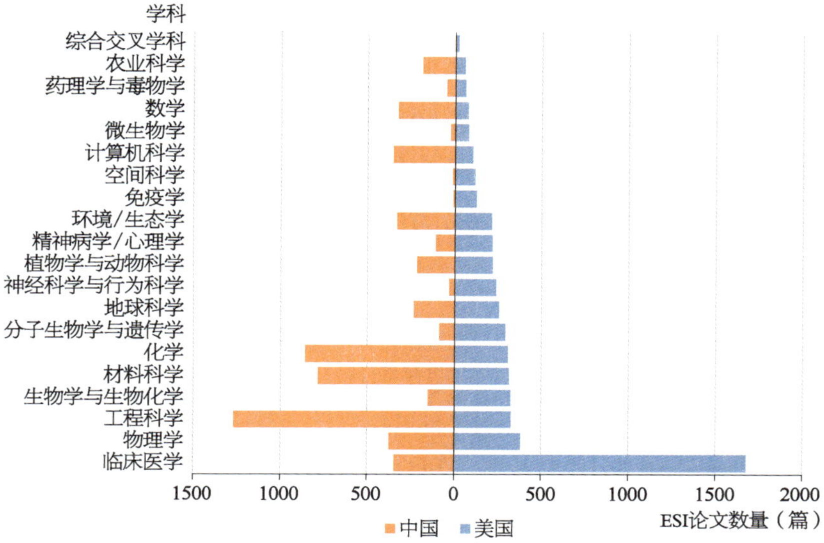

图 4.17　2019 年中美两国各学科 ESI 论文数量比较

（数据来源：http://www.webofscience.com/）

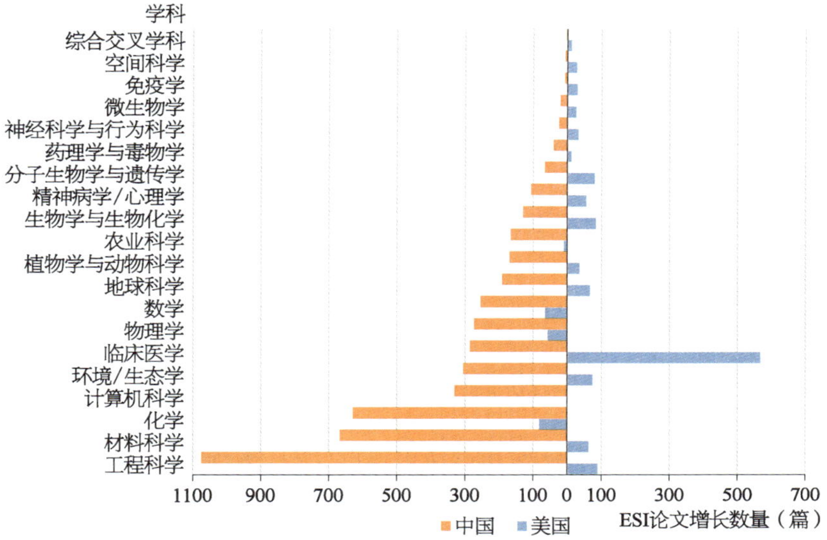

图 4.18　2000—2019 年中美两国各学科 ESI 论文增长数量比较

（数据来源：http://www.webofscience.com/）

注：同侧为增加，异侧为减少。

优于美国各学科的表现。2000—2019 年,中国 ESI 论文发文量增幅最大的学科是综合交叉学科和精神病学/心理学,增幅分别为 4 000%和 2 140%;计算机科学和环境/生态学的增幅也十分靠前,分别为 1 443%、1 181%。美国大多数学科的 ESI 论文发文量具有不同程度的提升,其中,增幅最为明显的学科是综合交叉学科,为 111%(图 4.19)。

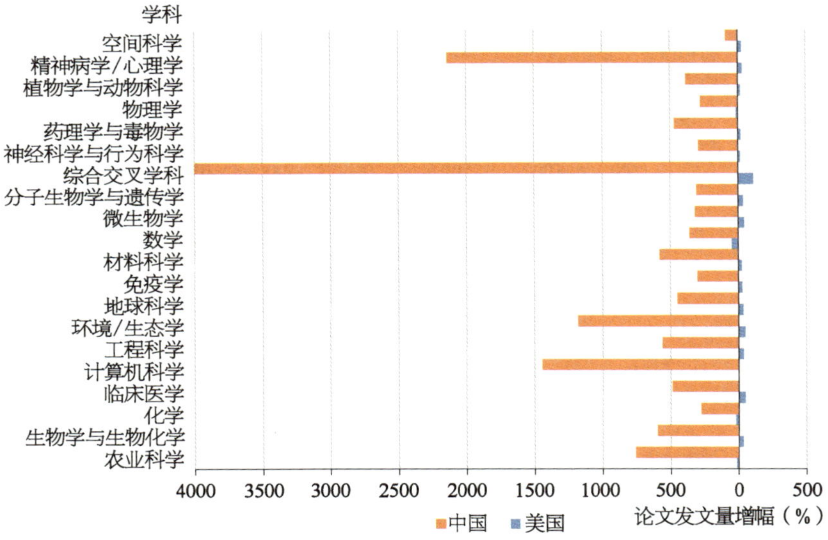

图 4.19　2000—2019 年中美两国各学科 ESI 论文发文量增幅比较

(数据来源:http://www.webofscience.com/)

注:同侧为增加,异侧为减少。

(四) *N-S* 期刊论文的学科分布

物理学为中国顶级期刊论文最多的学科,美国则是分子生物学与遗传学,美国所有学科的 *N-S* 期刊论文数量均超过中国,中美差距显著。2019 年,中国顶级期刊论文数量排名前五的学科分别是物理学(60 篇)、分子生物学与遗传学(49 篇)、生物学与生物化学(32 篇)、化学(28 篇)和材料科学(19 篇)。美国 *N-S* 期刊论文数量排名前五的学科分别是分子生物学与遗传学（245 篇）、物理学（189 篇）、生物学与生物化学（127 篇）、神经科学与行为科学（86 篇）和地球科学（85 篇）。美国所有学科领域内的 *N-S* 期刊论文数量均多于中国。其中，美国在分子生物学与遗传学领域内大幅领先中国，为 196 篇；物理学、生物学与生物化学、神经科学与行为科学、地球科学、空间科学领域也大幅优于中国的表现。此外，中国有 5 个学科未能在 *N-S* 期刊上发表论文，包括药理学与毒物学、计算机科学、精神病学/心理学、农业科学和数学；而美国只有 2 个学科，包括农业科学和数学（图 4.20）。

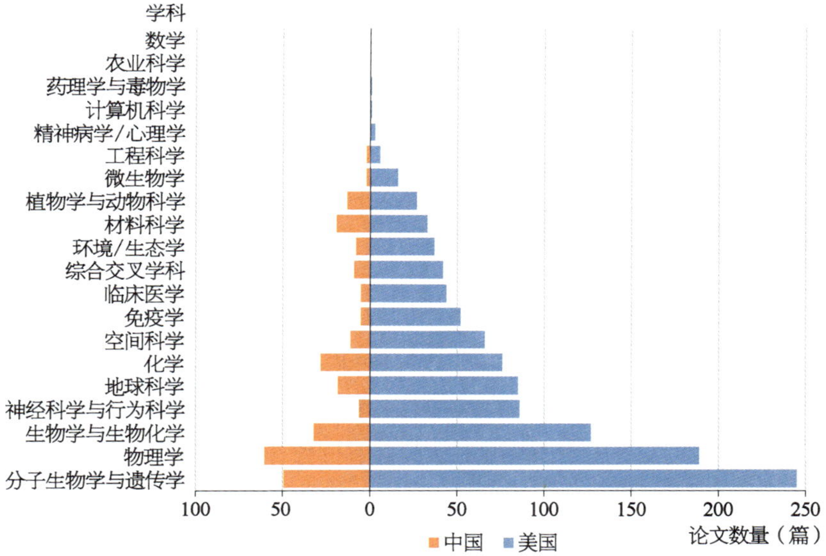

图 4.20　2019 年中美两国各学科顶级期刊论文数量比较

（数据来源：http://www.webofscience.com/）

物理学同为中美 *N-S* 期刊论文数量增加最多的学科。中国多数学科 *N-S* 期刊论文增量表现优于美国的表现。2000 年，中国 *N-S* 期刊论文数量最多的学科是地球科学；2019 年，该学科被物理学所取代。中国 *N-S* 期刊论文数量增加排名前五的学科分别是物理学（60 篇）、分子生物学与遗传学（47 篇）、生物学与生物化学（32 篇）、化学(27 篇)和材料科学(19 篇)。美国仅有 6 个学科 *N-S* 期刊论文数量增加,其中,物理学学科增加最为显著,为 42 篇。美国多数学科 *N-S* 期刊论文数量出现较大幅度下降,如地球科学、分子生物学与遗传学、综合交叉学科、植物学与动物科学等(图 4.21)。

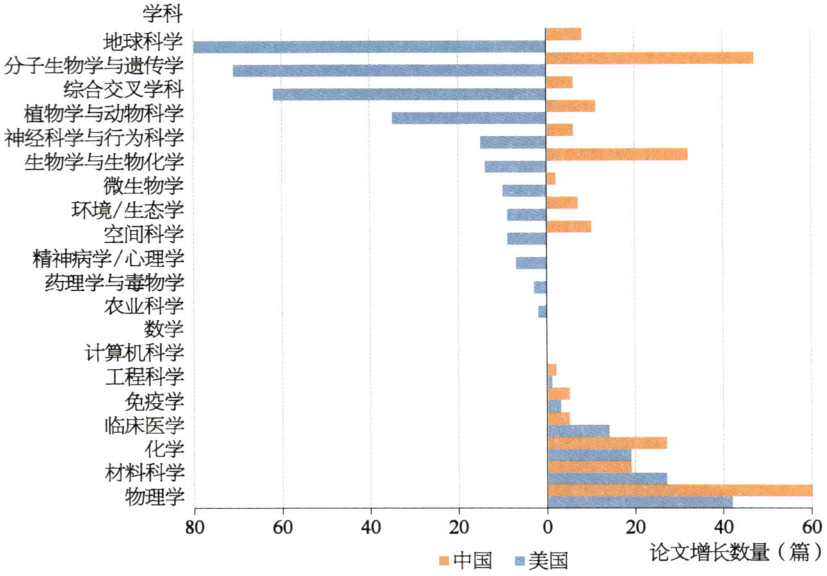

图 4.21　2000—2019 年中美两国各学科顶级论文增长数量比较

(数据来源:http://www.webofscience.com/)

(五)基于科研论文的学科影响力

数学是中国最具影响力的学科,美国则是综合交叉学科。中国大部分学科影响力不及美国,6 个学科未达到全球平均水平。2019 年,中国影响力排名前四的学科分别是数学(1.45)、农业科学(1.35)、综合交叉学科(1.33)、植物学与动物科学(1.33)。美国的优势学科为综合交叉学科(1.64)、物理学(1.47)、分子生物学与遗传学(1.47)、临床医学(1.41)、材料科学(1.38)。中国分子生物学与遗传学、微生物学、免疫学、物理学等领域的影响力显著低于美国。此外，美国除数学外的所有学科的论文影响力均高于全球平均值，中国还有6个学科的论文影响力未达到全球平均水平（图4.22）。

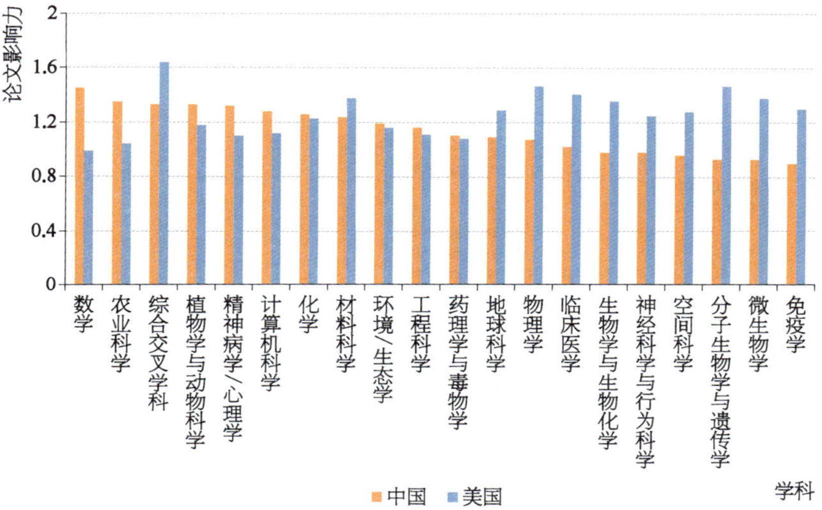

图4.22　2019年中美两国各学科科研论文影响力比较

（数据来源：http://www.webofscience.com/）

中国大部分学科论文影响力显著提升，而美国大部分学科论文影响力有所下降。2000年，中国仅有农业科学、精神病学/心理学论文影响力超过1；2019年，中国影响力超过1的学科达到14个。综合交叉学科是中国影响力进步最大的学科，从2000年的0.37提升至2019年的1.33。同时，该学科也是美国影响力下降幅度最大的学科，从2000年的2.24下降至2019年的1.64。从2000—2019年，美国有15个学科的影响力呈下降态势，但美国有19个学科的影响力均超过1，高于全球平均水平（图4.23）。

中国各学科论文影响力增幅明显，体现出良好的发展态势，绝大多数学科论文影响力增幅比美国明显。2000—2019年，中国所有学科的论文影响力均正向增长。其中，综合交叉学科的论文影响力增幅最大，

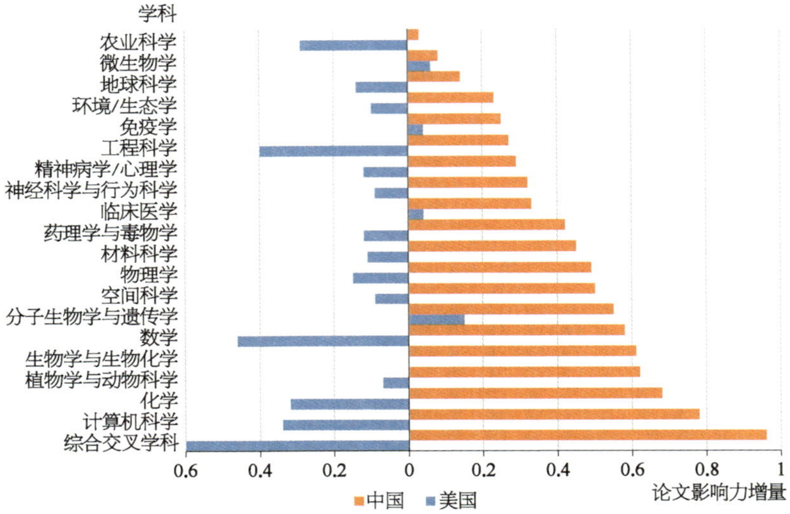

图 4.23　2000—2019 年中美两国各学科论文影响力增量比较

（数据来源：http://www.webofscience.com/）

高达 259.5%。美国影响力降幅最大的学科是数学，下降了 31.7%。中国所有学科的影响力增幅均优于美国(图 4.24)。

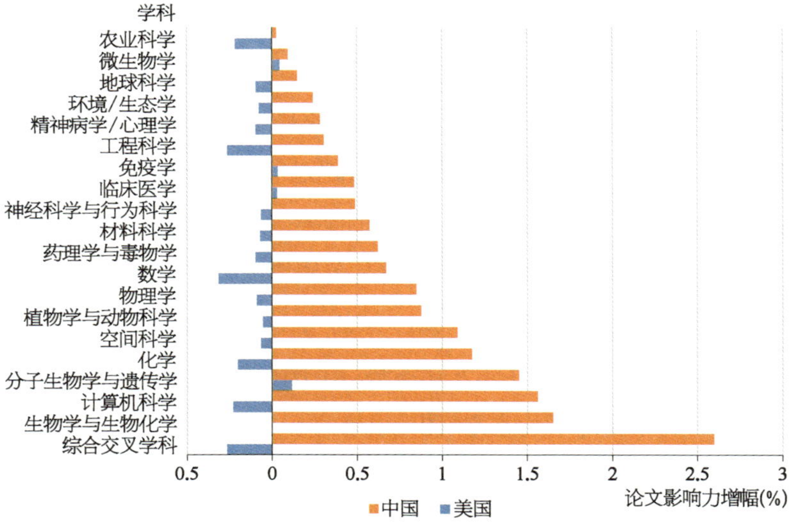

图 4.24　2000—2019 年中美两国各学科论文影响力增幅比较

（数据来源：http://www.webofscience.com/）

（六）基于学科领域的比较优势

比较优势学科是反映一国的科研论文学科是否具有发展优势的重要指标(比较优势分析主要借鉴区位熵算法演化而来)。为保证学科类别的全面性，基于 ESI 期刊学科领域和 WOS 期刊学科类别，制作了 ESI 与 WOS 的学科映射表(表 4.9)。为保证数据的连续性与可靠性，选取 2000—2002 年和 2017—2019 年两个时间段，通过比较优势分析，分别计算中美两国各学科的比较优势，对比分析两国具有比较优势的学科的差异，探究两国学科领域的动态变化。

表 4.9　ESI 学科领域与 WOS 学科类别映射表

ESI 学科领域	WOS 学科类别
农业科学	农业工程学 农业、制奶业和动物科学 跨学科农业科学 农艺学 食品科学和技术 园艺 营养和饮食学 土壤科学
生物学与生物化学	解剖学和形态学 生物化学研究方法 生物化学与分子生物学 生物学 生物物理学 数学和计算生物学 显微镜学 病理学 生理学
化学	分析化学 应用化学

（续　表）

ESI 学科领域	WOS 学科类别
化学	无机化学与核化学 药物化学 化学,跨学科 有机化学 物理化学 结晶学 电化学 聚合物科学 光谱学
临床医学	男科学 麻醉学 心脏和心血管系统 重症医学 牙科学、口腔外科和医学 皮肤病学 急症医学 内分泌学和新陈代谢 胃肠病学和肝脏病学 卫生保健科学和服务 血液学 结合和补充医学 医学信息学 医学实验室技术 医学,全科和内科 医学,法医 医学,研究和试验 产科医学和妇科医学 肿瘤学 眼科学 整形外科 耳鼻喉科学 小儿科 周围性血管疾病 放射学、核医学和医学成像

（续　表）

ESI 学科领域	WOS 学科类别
临床医学	呼吸系统 风湿病学 运动科学 外科 移植 热带医学 泌尿学和肾脏学
计算机科学	计算机科学,人工智能 计算机科学,控制论 计算机科学,硬件和体系结构 计算机科学,信息系统 计算机科学,跨学科应用 计算机科学,软件工程 计算机科学,理论和方法 电信
工程科学	自动化和控制系统 施工和建筑技术 能源和燃料 航空航天科学 生物医学工程 化学工程 土木工程 电机与电子工程 环境工程 地质工程 工业工程 制造工程 海运工程 机械工程 工程,跨学科 海洋工程 石油工程 人体工程学

(续　表)

ESI 学科领域	WOS 学科类别
工程科学	影像科学和照相技术 设备和仪器 机械学 运筹学和管理科学 机器人学 运输科学和技术
环境/生态学	生物多样性保护 生态学 环境科学 湖沼学 水资源
地球科学	地球化学和地球物理学 物理地理学 地质学 地球学,跨学科 气象学和大气科学 矿物学 采矿和矿石处理 海洋学 古生物学 遥感
免疫学	过敏症 免疫学 传染病 病毒学
材料科学	材料科学,生物材料 材料科学,陶瓷 材料科学,鉴定和检测 材料科学,涂料和薄膜 材料科学,复合材料 材料科学,跨学科 材料科学,造纸和木材

（续　表）

ESI 学科领域	WOS 学科类别
材料科学	材料科学，纺织品 冶金和冶金工程学 纳米科学和纳米技术
数学	逻辑学 数学 应用数学 数学，跨学科应用 统计学和概率
微生物学	生物工程学和应用微生物学 微生物学 寄生物学
分子生物学与遗传学	细胞与组织工程 细胞生物学 发育生物学 遗传学和遗传性 生殖生物学
综合交叉学科	多学科科学
神经科学与行为科学	行为科学 临床神经学 神经影像 神经科学
药理学与毒物学	药理学和药剂学 毒物学
物理学	声学 食品科学和技术 光学 应用物理 原子能、分子能和化学物理 凝聚态物质物理

(续　表)

ESI 学科领域	WOS 学科类别
物理学	液体和等离子体物理 物理数学 物理学,跨学科 核能物理 粒子和场域物理 量子科学和技术 热动力学
植物学与动物科学	昆虫学 进化生物学 渔业 林业 海洋和淡水生物学 真菌学 鸟类学 植物学 兽医学 动物学
精神病学/心理学	心理学
空间科学	天文学和天体物理学

数据来源：http://www.webofscience.com/。

中国具有比较优势的学科数量最多的领域是工程科学,而临床医学则是美国具有比较优势的学科数量最多的学科领域。中国有4个学科领域的比较优势学科数量超过美国,其中,工程科学、化学、材料科学的学科数量优势明显。从2017—2019年来看,中国具有比较优势的学科数量为66个,低于美国的80个。中国的比较优势学科主要集中在工程科学(22个)、化学(11个)、材料科学(10个)、物理学(5个)等学科领域。美国比较优势学科的集中领域分别是临床医学(29 个)、生物学与生物化学(8 个)、工程科学(5 个)、分子生物学与遗传学(5 个)、植物学与动物科学(5 个)。中国在工程科学、化学、材料科学 3 个领域内的比较优势学科数量明显多于美国,分别领先 17 个、11 个、10 个。物理学、农业科学、数学的比较优势学科数量稍占优势。美国则在临床医学、生物学与生物化学等领域大幅超过中国,分别领先 26 个、8 个。其中,美国在临床医学领域的比较优势学科数量是中国的 9.7 倍(图 4.25 和图 4.26)。

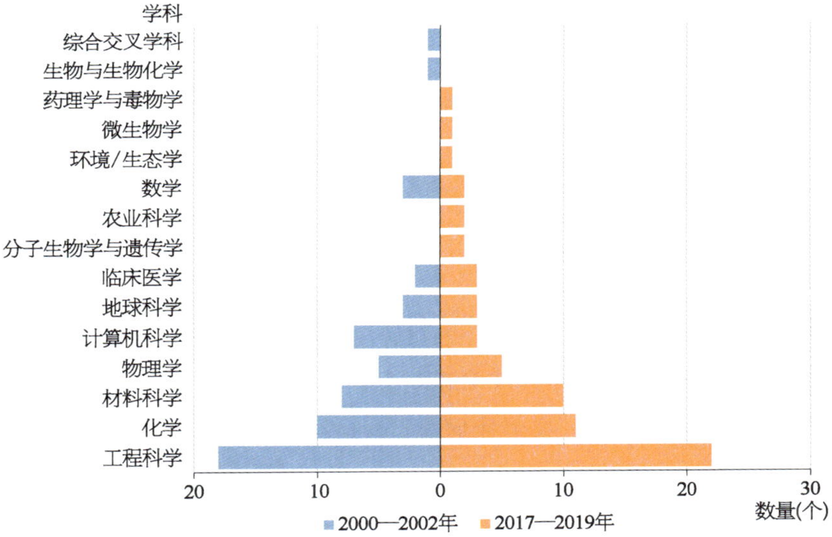

图 4.25　中国 2000—2002 年和 2017—2019 年优势学科数量

(数据来源:http://www.webofscience.com/)

为了进一步揭示中美学科领域的动态变化,区分了 2000—2002 年和 2017—2019 年新增与退出的比较优势学科。在研究期间,中国在保持化学、物理学、材料科学和工程科学等学科优势的同时,新增学科数量 19 个,向复杂性更高的学科领域迈进。中国新增学科以工程学(航天航空工程、石油工程、海运工程)、医学(临床医学、药理学与毒物学)、生命科学(微生物学、分子生物学与遗传学)为主。中国

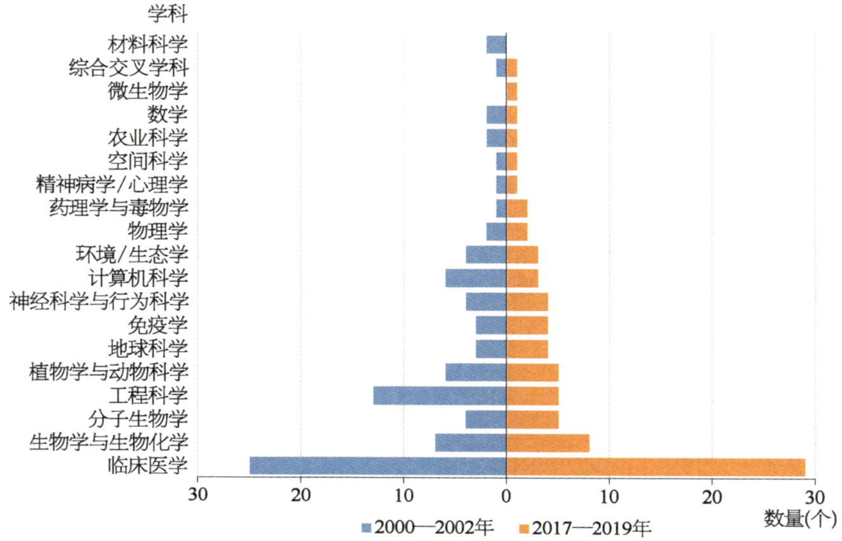

图 4.26　美国 2000—2002 年和 2017—2019 年优势学科数量

(数据来源：http://www.webofscience.com/)

退出优势学科为 13 个,以计算机科学(计算机科学控制论、硬件和体系结构、软件工程、计算机理论和方法)、物理学(数学物理学、跨学科物理学)为代表。美国在临床医学、分子生物学与遗传学、生物学与生物化学、神经科学与行为科学等医学和生命科学领域优势仍然突出。美国新增 12 个优势学科,几乎实现医学和生命科学的全覆盖。美国新增学科以临床医学(麻醉学、皮肤病学、胃肠病学、肝脏学、风湿病学)、免疫学(过敏症)、生物学与生物化学(解剖学和形态学)、药理学与毒物学(药理学和药剂学)等医学和生命科学为主。美国退出优势学科为 19 个,以计算机科学(信息系统、跨学科应用计算机学、计算机理论与方法、电信)、工程科学(土木工程、电子电气工程、海运工程、海洋工程)、材料科学(材料鉴定和检测、复合材料学)居多。整体而言,美国呈现出以完善医学和生命科学为主的转变趋势(表 4.10)。

表 4.10　2000—2002 年和 2017—2019 年中美比较优势学科的新增和退出

中国		美国	
新增学科	退出学科	新增学科	退出学科
生物材料	计算机科学控制论	控制论	信息系统
造纸和木材	硬件和体系结构	地球化学和地球物理学	计算机科学，跨学科应用
矿物学	软件工程	生殖生物学	计算机理论和方法
细胞生物学	计算机理论和方法	麻醉学	电信
细胞与组织工程	地质学	皮肤病学	材料鉴定和检测
工程，航天	工业工程	胃肠病学和肝脏病学	复合材料
工程，环境	运筹学和管理科学	风湿病学	土木工程
工程，海洋	男科学	过敏症	电机与电子工程
工程，石油	生物物理学	解剖学和形态学	环境工程
化学，药物	数学	微生物学	海运工程
环境科学	物理数学	液体和等离子体物理	工程，跨学科
医学，研究和试验	物理学，跨学科	药理学和药剂学	海洋工程
肿瘤学	多学科科学		影像科学和照相技术
农业工程学			运筹学和管理科学
食品科学和技术			环境科学
生物工程学和应用微生物学			农业工程
声学			逻辑学
物理学，凝聚态物质			光学
药理学和药剂学			林业

数据来源：http://www.webofscience.com/。

五、本 章 小 结

本章从科研论文的数量与影响力、高水平科研论文的规模、国际科研合作论文的数量与影响力和学科分布与影响力 4 个方面，对比分析了中美两国在科研论文产出方面的差异，结果发现：

（1）在科研论文的产出规模上，中国在近十几年来增长迅速，现已超越美国。

（2）在科研论文的产出质量上，中国仍远落后于美国。如在“科研论文影响力”、“ESI 高被引论文规模”、“*N-S* 期刊论文规模”、“自然指数规模”、“国际科研合作论文规模”等指标上，中国虽都保持高速增长态势，但与美国还存在差距。

（3）在科研论文的学科分布上，工程科学是中国论文规模最大和数量增加最多的学科，临床医学是美国论文产出第一和增量第一的学科。数学是中国引文影响力最大的学科，综合交叉学科是中国引文影响力进步最显著的学科，美国则分别是综合交叉学科和分子生物学与遗传学。工程科学是中国国际科研合作论文规模最大的学科，也是中国国际科研合作论文数量增加最多的学科，临床医学是美国国际科研论文合作量第一和增量第一的学科。中国 ESI 论文数量规模最大和增加最多的学科是工程科学，美国则是临床医学“一家独大”。物理学是中国 *N-S* 期刊论文规模最大和数量增加最多的学科，美国则分别是分子生物学与遗传学和物理学，美国所有学科 *N-S* 期刊论文数量均大幅领先于中国，中美学科差距显著。中国具有比较优势的学科数量最多的领域是工程科学，而临床医学则是美国具有比较优势的学科数量最多的学科领域。

第五章

中美发明专利产出比较

发明专利是国家知识存量和技术储备的重要组成部分，是国家技术创新能力的显著标志之一，代表了国家技术开发的能力和对未来潜在市场的开拓能力。本章采用世界知识产权组织（WIPO）和OECD的专利数据，从专利申请与授权、专利的技术领域分布以及专利申请的国际化程度3个方面，比较分析中美两国发明专利产出的差异。

一、专利申请与授权

根据 WIPO 的定义，专利是对发明授予的专有权利。专利申请量反映了一个国家的技术产出规模。申请与授权是专利最主要的状态形式。WIPO 通过对其受理的国际专利申请进行统计、对各国家/地区知识产权局进行年度调查等途径来获取世界各国/地区的专利数据。本节选取 WIPO 的知识产权统计数据中心（WIPO IP Statistics Data Center）作为数据源，从本国专利局受理的居民与非居民专利申请量、每百万居民专利申请量、每千亿美元 GDP 居民专利申请量、申请人为本国国籍的专利申请量与专利授权量、有效专利拥有量、PCT 专利申请情况等方面，比较分析中美两国专利产出规模的差异。

（一）本国受理的居民与非居民专利申请量

中国受理的居民专利申请量已远超美国，而受理的非居民专利申请量与美国还存在不小差距。本国受理的居民和非居民专利申请量分别表征的是一国内部发明创造的能力和该国技术市场被国际认可的程度。2000—2019 年，中美两国按申请人国籍属性划分的本国受理的居民专利申请量和非居民专利申请量都呈上升趋势。

在本国受理的居民专利申请量方面，中国由 2000 年的 2.5 万件迅速上升至 2019 年的 124.4 万件，年均增长率达到 22.7%；美国则由 2000 年的 16.5 万件上升至 2019 年的 28.5 万件，年均增长率仅为 2.9%。2019 年，中国本国受理的居民专利申请量超出美国 96 万件（表 5.1 和图 5.1）。

表 5.1　2000—2019 年中美两国本国受理的居民和非居民专利申请量比较

（单位：件）

年　份	居民专利申请量		非居民专利申请量	
	中　国	美　国	中　国	美　国
2000	25 346	164 795	26 560	131 100
2001	30 038	177 513	33 412	148 958
2002	39 806	184 245	40 426	150 200
2003	56 769	188 941	48 548	153 500
2004	65 786	189 536	64 598	167 407
2005	93 485	207 867	79 842	182 866
2006	122 318	221 784	88 183	204 182
2007	153 060	241 347	92 101	214 807
2008	194 579	231 588	95 259	224 733
2009	229 096	224 912	85 508	231 194
2010	293 066	241 977	98 111	248 249
2011	415 829	247 750	110 583	255 832
2012	535 313	268 782	117 464	274 033
2013	704 936	287 831	120 200	283 781
2014	801 135	285 096	127 042	293 706
2015	968 252	288 335	133 612	301 075
2016	1 204 981	295 327	133 522	310 244
2017	1 245 709	293 904	135 885	313 052
2018	1 393 815	285 095	148 187	312 046
2019	1 243 568	285 113	157 093	336 340

数据来源：World Bank Data。

在本国受理的非居民专利申请方面，中国由 2000 年的 2.7 万件上升至 2019 年的 15.7 万件，美国由 2000 年的 13.1 万件上升至 2019 年的 33.6 万件，中国远低于美国，且差距呈扩大趋势（表 5.1、图 5.1 和图 5.2）。

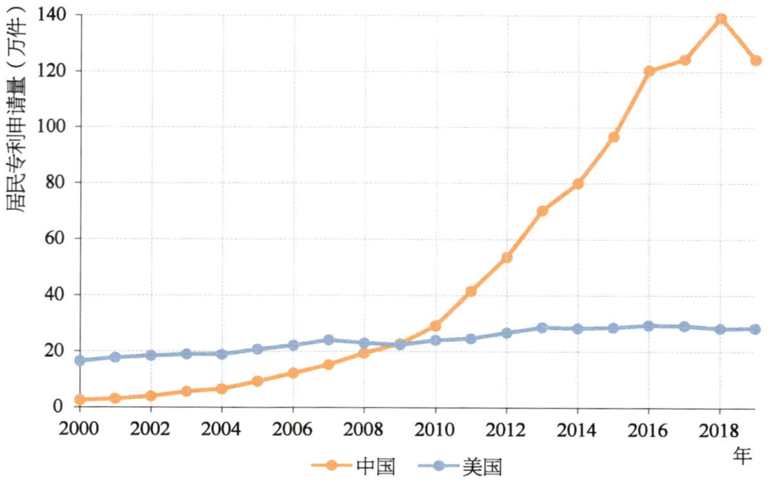

图 5.1　2000—2019 年中美两国本国受理的居民专利申请量比较

（数据来源：World Bank Data）

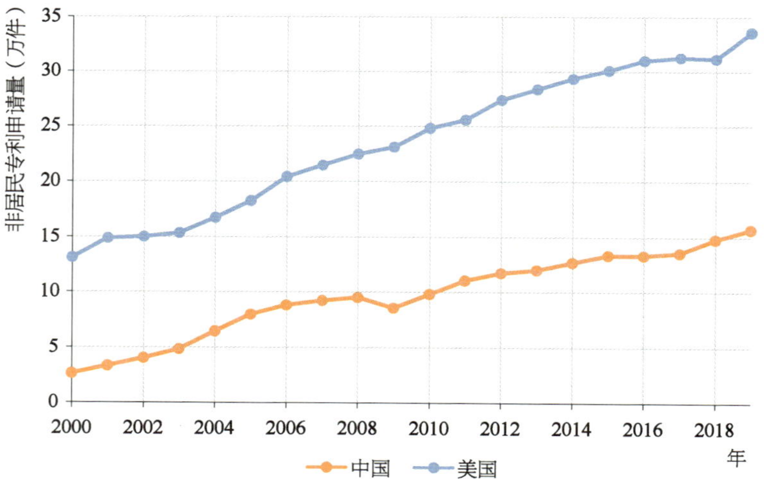

图 5.2　2000—2019 年中美两国本国受理的非居民专利申请量比较

（数据来源：World Bank Data）

（二）每百万居民专利申请量

在每百万居民专利申请量方面，中美差距不断缩小，现已超越美国。2000—2019 年,中国和美国每百万居民专利申请量整体上均呈增长态势。2000 年,美国每百万居民专利申请量为 584 件,中国仅为 20 件,美国为中国的 29.2 倍,中美差距悬殊。2019 年,美国每百万居民专利申请量为 869 件,中国快速增长为 890 件,中国反超美国。与其他主要发达国家相比,日本每百万居民专利申请量最高,但在 2000—2019 年期间呈现出持续下降的态势;德国每百万居民专利申请量与中国较为接近,法国与英国较低(表 5.2 和图 5.3)。

表 5.2　2000—2016 年中美两国每百万居民专利申请量比较

（单位：件）

年　份	中　国	美　国
2000	20	584
2001	24	623
2002	31	641
2003	44	651
2004	51	647
2005	72	703
2006	93	743
2007	116	801
2008	147	762
2009	172	733
2010	219	782
2011	309	795
2012	396	856
2013	519	911
2014	587	896
2015	706	899
2016	874	914
2017	899	904

(续　表)

年　份	中　国	美　国
2018	1 001	873
2019	890	869

数据来源：WIPO。

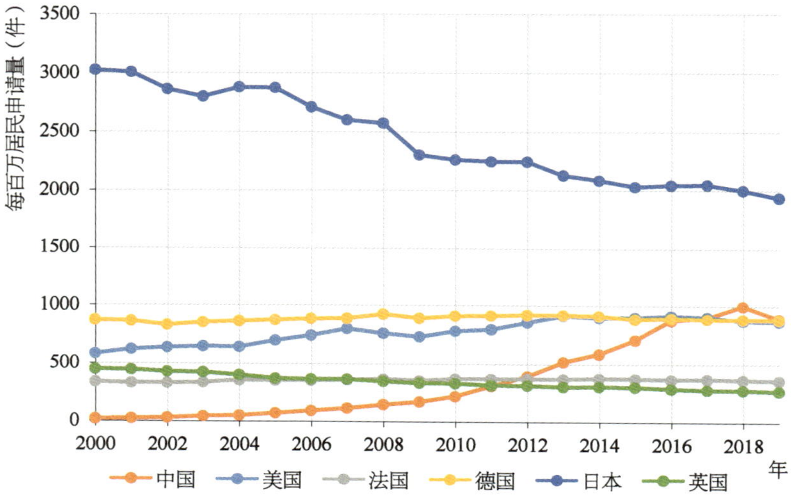

图 5.3　2000—2019 年中美两国及其他主要发达国家每百万居民专利申请量比较

(数据来源：WIPO)

(三) 每千亿美元 GDP 居民专利申请量

中国每千亿美元 GDP 居民专利申请量已远超美国，且领先优势不断扩大。2000—2019 年，美国每千亿美元 GDP 居民专利申请量波动增长态势，由 2000 年的 1 163 件增长至 2019 年的 1 389 件，年均增长幅度仅有 0.9%；而中国每千亿美元 GDP 居民专利申请量增长迅速，由 2000 年的 582 件增长至 2019 年的 5 520 件，年均增长幅度达到 12.6%。中国每千亿美元 GDP 居民专利申请量在 2005 年超越美国后，迅速拉开与美国的差距。对比其他主要发达国家发现，日本每千亿美元 GDP 居民专利申请量较高，但持续呈现出负增长态势，中国在 2015 年超越日本后跃居全球第一（表 5.3 和图 5.4）。

表 5.3　2000—2019 年中美两国每千亿美元 GDP 居民专利申请量比较

（单位：件）①

年　份	中　国	美　国
2000	582	1 163
2001	636	1 240
2002	772	1 265
2003	1 001	1 261
2004	1 054	1 219
2005	1 344	1 291
2006	1 560	1 339
2007	1 709	1 431
2008	1 982	1 375
2009	2 133	1 370
2010	2 466	1 437
2011	3 194	1 449
2012	3 812	1 537
2013	4 658	1 616
2014	4 927	1 563
2015	5 564	1 536
2016	6 480	1 549
2017	6 264	1 508
2018	6 565	1 422
2019	5 520	1 389

注：按 2017 年购买力平价计算；数据来源于 WIPO。

① 此处数据来源为 WIPO，该数据库更新时会对往年的专利数据进行核查调整，故而每次数据库更新后，历年数据都会出现小幅度变动。基于以数据为准的原则，此处均采用最新数据进行分析，因此部分数据与《中美科技竞争力评估报告（2019）》有所不同。表 5.4—表 5.11 同。

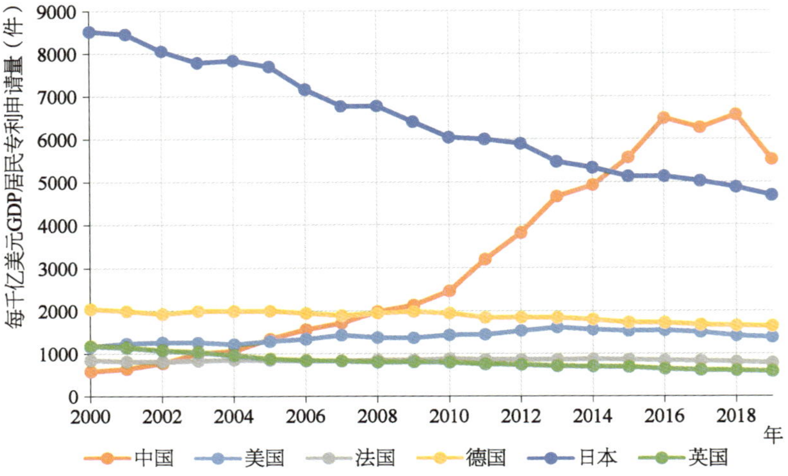

图 5.4　2000—2019 年中美两国及其他主要发达国家每千亿美元 GDP 居民专利申请量比较

（数据来源：WIPO）

（四）申请人为本国国籍的专利申请与授权

在申请人为本国国籍的专利申请量方面，中国已远超美国，且差距持续扩大。申请人为本国国籍的专利申请与授权量不仅包括该国申请人在其国内申请和授权的专利，还包括该国申请人在他国、其他国际性机构（如 WIPO）申请和授权的专利。2000 年，申请人为美国国籍的专利申请量为 28.0 万件，而申请人为中国国籍的专利申请量仅有 2.6 万件，美国为中国的 10.6 倍。2019 年，申请人为美国国籍的专利申请量增长至 52.2 万件，而申请人为中国国籍的专利申请量快速增长至 132.8 万件，美国仅为中国的 39%。申请人为中国国籍的专利申请量在 2012 年超越美国和日本后，迅速拉开了与美国及其他主要发达国家的差距，并稳居全球第一（表 5.4 和图 5.5）。

表 5.4　2000—2019 年中美两国申请人为本国国籍的专利申请量、授权量及比值比较　　（单位：件）

年份	中国			美国		
	申请量	授权量	授权/申请	申请量	授权量	授权/申请
2000	26 445	6 446	0.24	280 417	136 678	0.49
2001	31 236	5 722	0.18	294 005	139 505	0.47
2002	41 419	6 348	0.15	292 070	143 851	0.49
2003	58 755	11 984	0.20	302 005	151 990	0.50
2004	69 017	18 967	0.27	331 131	147 566	0.45
2005	97 950	21 575	0.22	383 581	139 445	0.36
2006	129 290	26 356	0.20	404 652	158 871	0.39
2007	161 310	33 502	0.21	437 691	150 118	0.34
2008	204 269	48 919	0.24	429 232	150 074	0.35
2009	241 435	68 500	0.28	398 212	158 165	0.40
2010	308 326	84 813	0.28	433 140	190 875	0.44
2011	436 168	118 128	0.27	440 719	202 069	0.46
2012	561 405	152 096	0.27	473 462	229 117	0.48
2013	734 093	154 470	0.21	501 134	244 162	0.49
2014	837 813	176 345	0.21	509 510	254 654	0.50
2015	1 010 524	279 508	0.28	530 659	257 069	0.48
2016	1 257 425	322 516	0.26	522 064	277 090	0.53
2017	1 306 080	352 567	0.27	525 467	285 757	0.54
2018	1 460 246	377 305	0.26	515 209	289 080	0.56
2019	1 328 067	399 878	0.30	521 735	309 644	0.59

数据来源：WIPO。

在申请人为本国国籍的专利授权量方面，中国也已超过美国，但从专利申请量与专利授权量之比来看，中国的专利质量与美国差距较大。2000 年，申请人为美国国籍的专利授权量为 13.7 万件，而申请人为中国国籍的专利授权量仅有 0.6 万件，中国远远落后于美国。2019 年，申请人为美国国籍的专利授权量增长至 31.0 万件，而申请

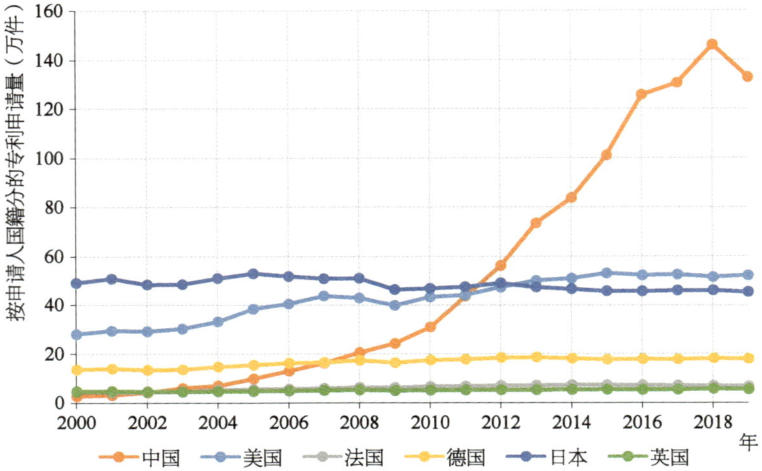

图 5.5　2000—2019 年中美两国及其他主要发达国家申请人为本国国籍的专利申请量比较

(数据来源：WIPO)

人为中国国籍的专利授权量增长至 40.0 万件。中国在 2004 年、2007 年和 2009 年先后超过英国、法国和德国，在 2015 年超越美国和日本(表 5.4 和图 5.6)。专利授权量与专利申请量之比能够很好地

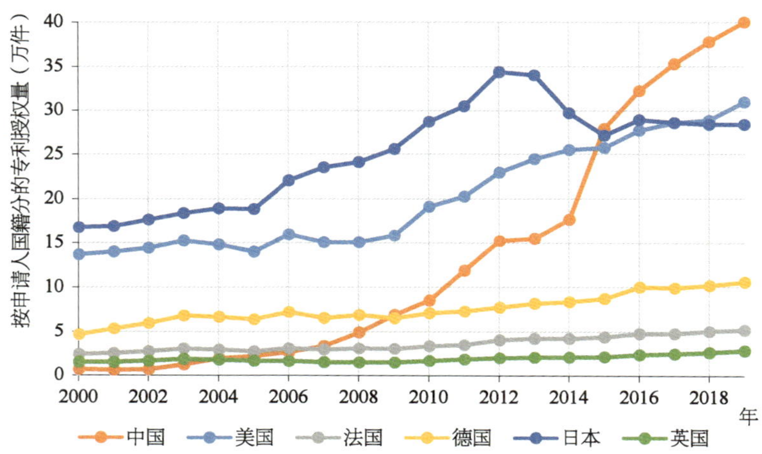

图 5.6　2000—2019 年中美两国及其他主要发达国家申请人为本国国籍的专利授权量比较

(数据来源：WIPO)

反映一国专利的质量，通常被用来刻画一国技术创新产出的效率。从中美两国专利授权量与专利申请量之比来看，中国的专利产出效率远低于美国，中国专利质量与美国差距较大（表 5.4）。

（五）申请人为本国国籍的有效专利拥有量

在申请人为本国国籍的有效专利拥有量上，中国远落后于美国。2007 年，申请人为美国国籍的有效专利拥有量为 127.9 万件，而申请人为中国国籍的有效专利拥有量仅为 10.0 万件；2019 年，申请人为美国国籍的有效专利拥有量达到 298.4 万件，申请人为中国国籍的有效专利拥有量达到 214.2 万件。虽然申请人为中国国籍的有效专利拥有量年均增长率达到 29.1%，远超美国的 7.3%，但在总体规模上，中国与美国的差距依然很大（表 5.5 和图 5.7）。

表 5.5　2007—2019 年中美两国申请人为本国国籍的有效专利拥有量比较　（单位：件）

年　份	中　国	美　国
2007	100 160	1 278 876
2008	134 332	1 371 381
2009	189 343	1 455 647
2010	271 301	1 516 639
2011	367 582	1 501 882
2012	499 021	1 668 009
2013	622 014	1 820 479
2014	755 257	1 927 140
2015	981 592	2 038 380
2016	1 236 509	2 132 018
2017	1 519 248	2 380 074
2018	1 813 154	2 641 030
2019	2 141 671	2 984 316

数据来源：WIPO。

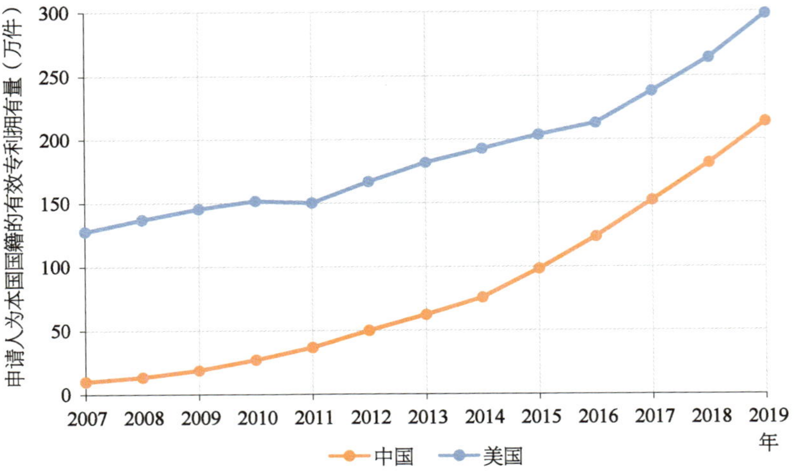

图 5.7　2007—2019 年中美两国申请人为本国国籍的有效专利拥有量比较

（数据来源：WIPO）

（六）PCT 专利申请情况

中国 PCT 专利申请量迅速增长，现已超越美国。2000 年，美国的 PCT 专利申请量为 38 093 件，中国的 PCT 专利申请量仅为 745 件，美国为中国的 51.1 倍；2019 年，美国的 PCT 专利申请量达到 55 703 件，而中国的 PCT 专利申请量也增长至 60 997 件，中国反超美国，居世界第一位（表 5.6 和图 5.8）。

表 5.6　2000—2019 年中美两国 PCT 专利申请量比较

（单位：件）

年　份	中　国	美　国
2000	745	38 093
2001	1 656	43 213
2002	951	41 283
2003	1 165	41 314
2004	1 592	43 662

（续　表）

年　份	中　国	美　国
2005	2 437	47 243
2006	3 827	51 852
2007	5 400	54 597
2008	6 081	52 053
2009	8 000	46 055
2010	12 917	45 229
2011	17 471	49 366
2012	19 924	52 011
2013	22 927	57 683
2014	27 088	61 973
2015	31 045	57 589
2016	44 462	56 680
2017	50 655	56 310
2018	55 204	55 343
2019	60 997	56 232

数据来源：WIPO。

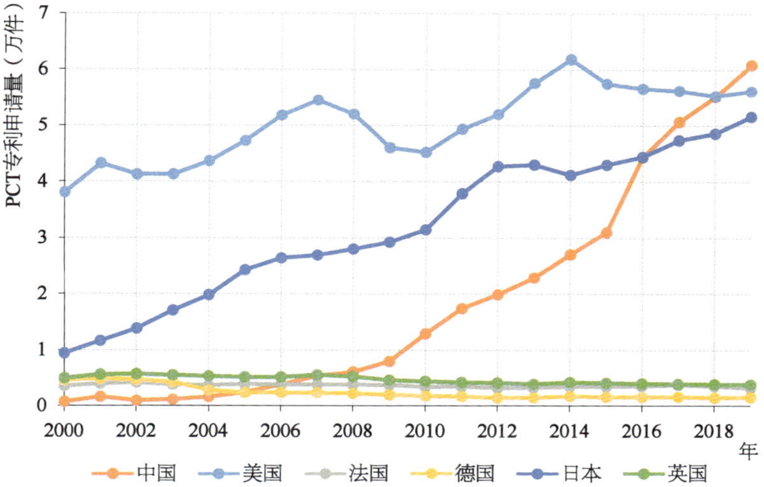

图 5.8　2000—2019 年中美两国及其他主要发达国家 PCT 专利申请量比较

（数据来源：WIPO）

二、专利技术领域比较

技术领域是技术体系的基本分析单元,本节从 PCT 专利技术领域出发,明晰中美两国的技术优势与劣势。WIPO 根据专利分类划分了 35 个技术领域小类,并归并为 3 个大类,即电学、机械和化学(表 5.7)。

表 5.7 专利技术领域分类

电学类	机械类	化学类
IT 管理方法	操控	表面技术/涂层
半导体	测量	材料/冶金
电信	电机/仪器/能源	大分子化学/聚合物
基础通信	发动机/泵/涡轮机	化学工程
计算机技术	纺织和造纸机械	基础材料化学
视听技术	光学	生物材料分析
数字通信	环境技术	生物技术
	机械工具	食品化学
	机械元素	微结构和纳米技术
	家具/游戏	医疗技术
	控制	有机精细化学
	其他特殊机器	制药
	其他消费品	
	热工艺和设备	
	土木工程	
	运输	

数据来源:WIPO。

(一)技术领域大类的专利申请

美国 PCT 专利技术领域结构平衡,电学类、机械类、化学类"三足鼎立";中国 PCT 专利技术领域结构失衡,电学类、机械类"双核共振”。2000—2019 年，中美两国三大类技术领域的 PCT 专利申请量整体上都呈现出明显的增长趋势，但在结构上体现出较大的差别，其中美国 PCT 专利技术领域从早期的侧重于化学和机械两大类发展至后期的电学、机械和化学并重，结构较为合理；而中国在电学、机械领域的 PCT 专利申请量增长迅速，现已超过美国，但化学领域则发展较慢，与美国差距明显(表 5.8、图 5.9 和图 5.10)。

表 5.8 2000—2019 年中美两国三大技术领域 PCT 专利申请量比较

(单位：件)

年份	中国			美国		
	电学类	机械类	化学类	电学类	机械类	化学类
2000	60	158	107	8 144	10 700	14 563
2001	125	283	1 051	12 021	12 451	16 063
2002	157	345	483	11 742	12 729	16 437
2003	244	478	351	10 612	13 421	17 278
2004	413	528	457	9 517	12 898	16 450
2005	612	634	476	11 355	14 980	18 181
2006	1 105	965	595	12 676	16 553	19 095
2007	2 169	1 289	719	15 341	17 085	19 908
2008	2 873	1 704	992	16 224	17 998	20 691
2009	3 483	1 821	977	13 358	15 684	18 593
2010	4 793	2 252	1 203	12 236	14 645	17 767
2011	6 721	3 401	1 740	12 068	15 174	17 548
2012	8 421	4 535	2 345	13 573	16 073	17 661
2013	8 045	6 192	2 476	17 150	18 034	18 614
2014	10 893	6 834	2 973	19 738	21 889	22 055
2015	12 025	7 927	3 223	17 076	18 904	18 276
2016	14 679	9 620	3 961	17 589	18 768	19 247
2017	19 111	12 998	5 384	17 437	18 928	19 442
2018	21 705	17 345	6 577	17 797	19 070	19 603
2019	24 216	18 947	7 643	17 344	18 289	20 257

数据来源：WIPO。

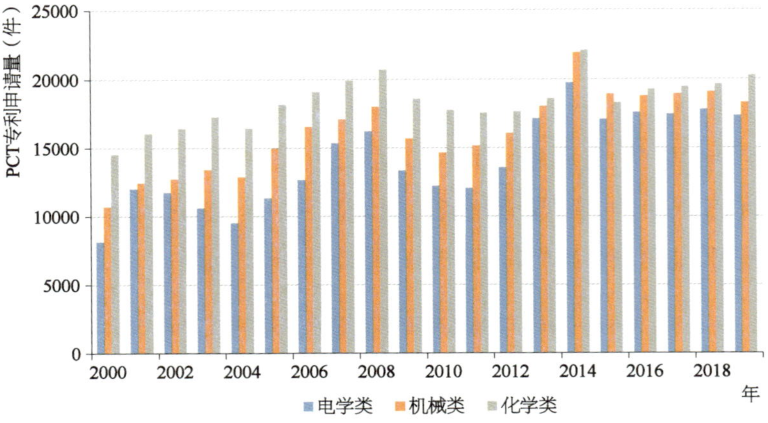

图 5.9　2000—2019 年美国三大技术领域 PCT 专利申请量

(数据来源：WIPO)

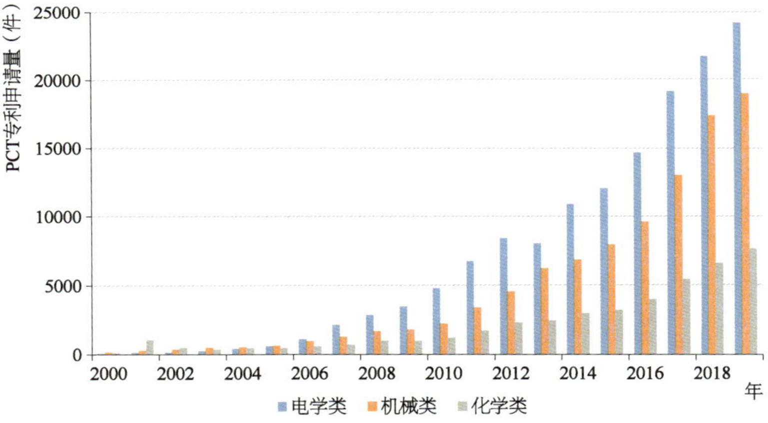

图 5.10　2000—2019 年中国三大技术领域 PCT 专利申请量

(数据来源：WIPO)

(二)技术领域小类的专利申请

美国 PCT 专利申请主要分布于计算机技术、医疗技术、数字通信技术、制药、生物技术等领域。中国 PCT 专利申请主要分布于数字通信技术、计算机技术、视听技术、电机/仪器/能源、光学技术等领域。2019 年,在 35 个技术小类中,美国在 22 个技术小类上的 PCT

专利申请量超过中国，尤其在医疗技术、制药技术、生物技术、特殊机器技术、技术材料化学技术、有机精细化学技术、土木工程技术、化学工程技术、大分子化学/聚合物技术等方面，远远超过中国；而中国有13个技术小类的PCT专利申请量超过美国，分别为数字通信技术、视听技术、电机/仪器/能源技术、光学技术、热工艺和设备技术、电信技术、其他消费品技术、计算机技术、控制技术、运输技术、家具/游戏技术、半导体技术和机械工具技术。相较于美国，中国存在多个技术短板领域，尤其在高精尖技术领域，如微结构和纳米技术、生物材料分析等，中国的技术创新能力依然较弱（图5.11）。

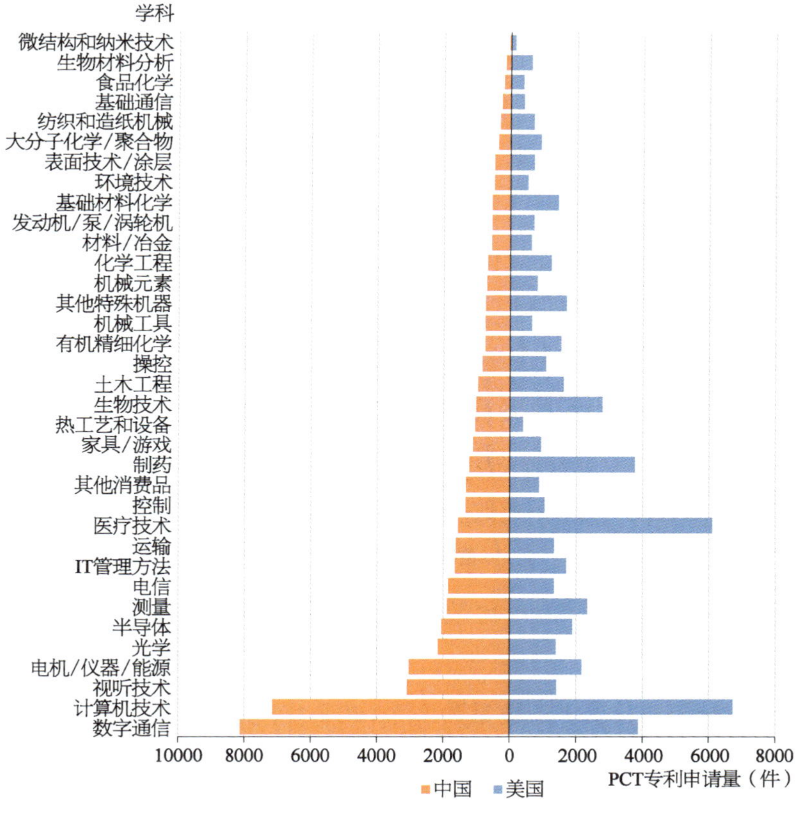

图5.11　2019年中美两国技术领域小类PCT专利申请量

（数据来源：WIPO）

（三）基于技术领域小类的比较优势

比较优势领域是反映一国在该技术领域是否具有发展优势的重要指标(比较优势分析主要借鉴区位熵算法演化而来)。为保证数据的连续性与可靠性,选取2000—2002年和2017—2019年两个时间段,通过比较优势分析,分别计算中美两国技术小类的比较优势,对比分析两国具有比较优势的技术领域的差异,探究两国专利技术领域的动态变化。

中国具有比较优势的技术小类主要集中在电学类和机械类,而美国具有比较优势的技术小类涉及电学类、机械类、化学类等三大类领域。中国在电学和机械两大类领域的比较优势技术小类数量与美国持平,而在化学类技术领域则远远落后于美国。从2017—2019年来看,中国具有比较优势的技术小类为9个,低于美国的17个。中国的比较优势技术小类主要集中在电学类(5个)、机械类(4个)等两大类技术领域。美国比较优势技术小类则是三大类领域均有涉及,具体为电学类(5个)、机械类(4个)、化学类(8个)。其中,美国在化学类技术领域的比较优势技术小类数量大幅领先中国(图5.12和图5.13)。

为了进一步揭示中美技术领域的动态变化,区分了2000—2002年和2017—2019年新增与退出的比较优势技术小类。在研究期间,中国的比较优势技术小类数量新增7个。中国新增技术领域包括电学类(视听技术、电信、数字通信、计算机技术、IT管理方法)、机械类(光学、控制)。中国退出比较优势技术小类为2个,分别是机械类(家具/游戏)、化学(生物技术)。美国在化学类技术领域优势仍然突出。美国新增技术小类数量为5个,几乎实现电学和化学两大类技术领域的全覆盖。美国新增技术领域包括机械类(纺织和造纸机械、其他特殊机器、土木工程)、化学类(有机精细化学、化学工程)。美国退出比较优势技术小类为3个,分别是电学类(数字通信)、机械类

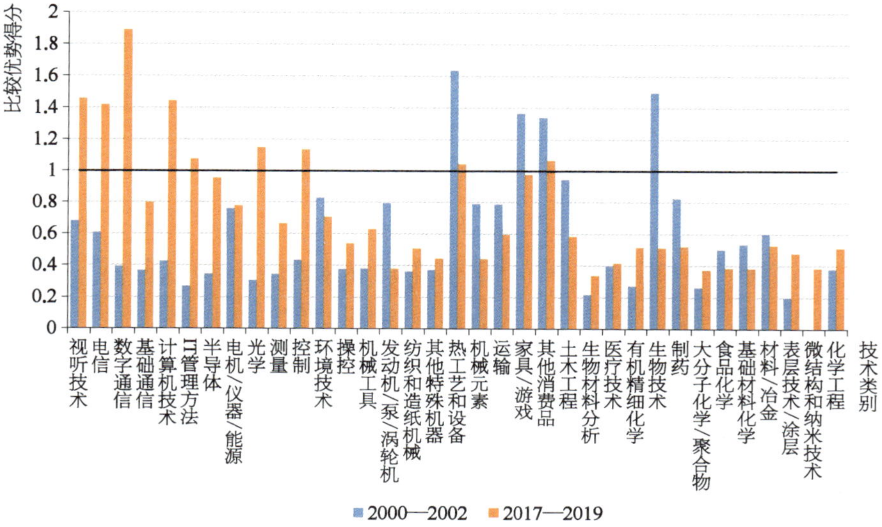

图 5.12　中国 2000—2002 年和 2017—2019 年技术领域小类比较优势得分

（数据来源：WIPO）

注：比较优势得分大于 1 则被视为具有比较优势。

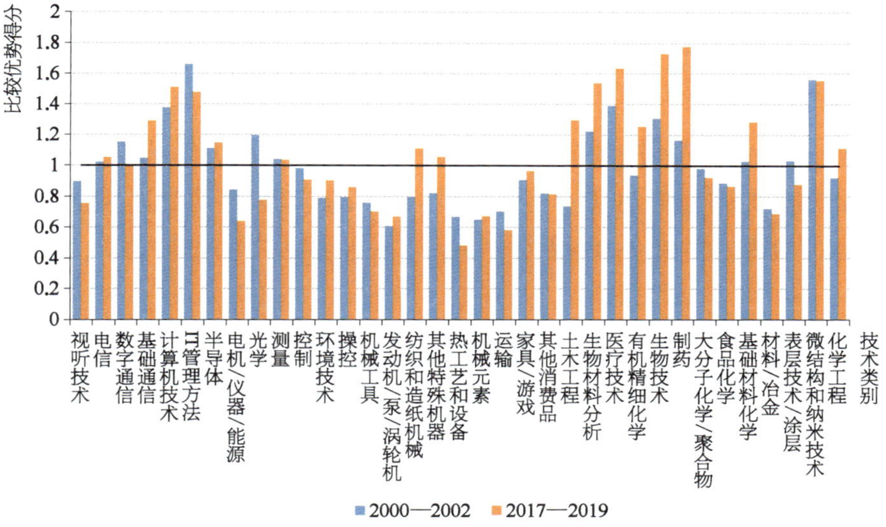

图 5.13　美国 2000—2002 年和 2017—2019 年技术领域小类比较优势得分

（数据来源：WIPO）

注：比较优势得分大于 1 则被视为具有比较优势。

(光学)、化学类(表层技术/涂层)。整体而言,美国呈现出完善化学类技术领域的转变趋势(图 5.12 和图 5.13)。

三、专利申请的国际化程度

专利合作申请反映了专利产出的国际化程度,本节以 PCT 专利为例,从专利申请国际合作的数量、专利申请国际合作率、PCT 专利国际合作对象等方面对比中美两国专利申请的国际化程度。

(一) 国际合作数量

美国 PCT 专利申请的国际合作规模远超中国,且中美差距持续扩大。2000 年,美国 PCT 专利申请国际合作量为 3 522 件,中国仅为 106 件;2018 年,美国 PCT 专利申请国际合作量达到 6 934 件,中国也增长至 2 177 件。尽管中国 PCT 专利申请国际合作量的年均增长率(18.3%)远高于美国(3.8%),但合作的绝对数量仍与美国有较大差距,且总体呈扩大趋势。对比其他主要发达国家发现,美国的 PCT 专利申请国际合作量不仅远高于中国,也远高于德国、英国、法国和日本;中国的 PCT 专利申请国际合作量在 2008 年超过日本后,于 2014 年超过英国,与德国的差距也在不断缩小(表 5.9 和图 5.14)。

表 5.9 2000—2018 年中美两国 PCT 专利申请国际合作量比较

(单位:件)

年 份	中 国	美 国
2000	106	3 522
2001	157	4 204
2002	172	4 328
2003	276	4 476

（续　表）

年　份	中　国	美　国
2004	361	4 839
2005	409	5 309
2006	586	5 726
2007	756	6 206
2008	866	6 113
2009	967	5 643
2010	1 260	5 684
2011	1 374	6 635
2012	1 637	6 779
2013	1 807	7 454
2014	1 969	7 724
2015	2 011	7 723
2016	2 113	7 667
2017	2 498	7 786
2018	2 177	6 934

数据来源：OECD。

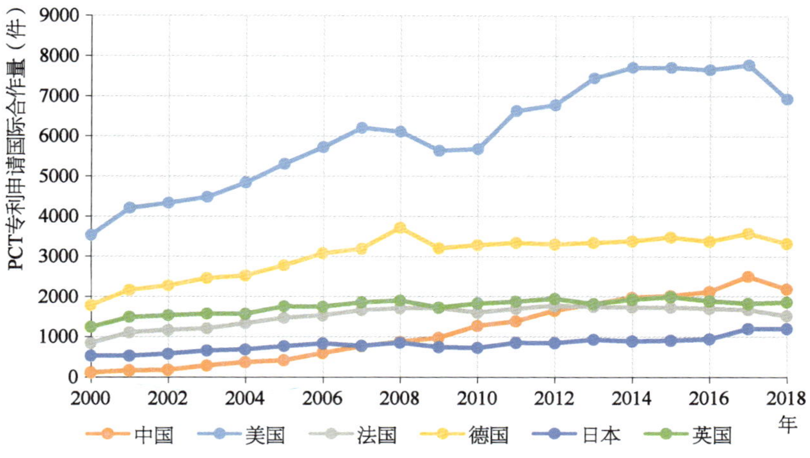

图 5.14　2000—2018 年中美两国及其他主要发达国家 PCT 专利申请国际合作量比较

（数据来源：OECD）

(二)国际合作率

美国PCT专利申请国际合作率整体高于中国。2000—2018年，中美两国PCT专利申请国际合作率的发展存在较大差别，其中美国呈现出整体增长态势，由2000年的9.4%增长至2018年的12.7%；而中国在2001—2003年经历高幅增长态势后(由9.9%增长至20.4%)，呈现出快速下滑态势，2018年已下滑至5.3%，这可能与中国PCT专利总量增速过快有关。2018年，中国PCT专利申请国际合作率低于英国、法国、德国和美国，高于日本(表5.10和图5.15)。

表5.10　2000—2018年中美两国PCT专利合作率比较

(单位：%)

年　份	中　国	美　国
2000	14.3	9.4
2001	9.9	9.7
2002	17	10.3
2003	20.4	10.6
2004	19.7	10.8
2005	15.3	11
2006	13.9	10.9
2007	13.4	11.2
2008	13.4	11.5
2009	11.6	12.1
2010	9.8	12.3
2011	8.1	13.2
2012	8.5	13
2013	8.2	12.9
2014	7.6	12.4
2015	6.8	13.4
2016	5.2	13.4

（续　表）

年　份	中　国	美　国
2017	5.3	13.5
2018	5.3	12.7

数据来源：OECD。

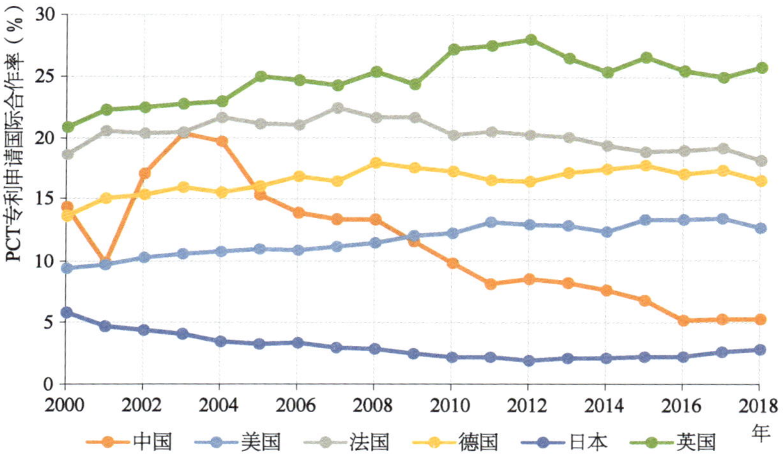

图 5.15　2000—2018 年中美两国及其他主要发达国家 PCT 专利申请国际合作率比较

（数据来源：OECD）

（三）国际合作对象

与日本、欧盟 27 国的 PCT 专利合作量上，中美两国变化趋势一致，但在中美合作上，美国对中国依赖程度较低，中国对美国依赖程度较高。从与日本、欧盟 27 国以及中美之间合作量上对比中美两国在 PCT 专利合作申请对象上的差异发现：中国与美国、日本以及欧盟 27 国在 PCT 专利合作申请上都呈现出快速增长的态势，分别从 2000 年的 53 件、6 件和 19 件上升至 2018 年的 906 件、340 件和 500 件，其中美国是中国在 PCT 专利申请上的第一合作大国，而与日本合作相对较少。同样,美国与中国、日本和欧盟 27 国在 PCT 专利申请上也呈现出总体上升的态势,分别从 2000 年的 53 件、321 件和 1 544 件上升至 2018 年的 906 件、404 件和 2 699 件,其中欧盟 27 国是美国 PCT 专利申请的第一合作对象,美国与日本在 PCT 专利申请上的合作也较少。从中美合作上看,美国对中国依赖程度较低,中国对美国依赖程度较高(表 5.11、图 5.16 和图 5.17)。

表 5.11　2000—2018 年中美两国与其他国家 PCT 专利合作量比较

(单位:件)

年份	中美合作量	中国		美国	
		与日本合作量	与欧盟 27 国合作量	与日本合作量	与欧盟 27 国合作量
2000	53	6	19	321	1 544
2001	69	13	43	302	1 893
2002	82	14	43	313	1 933
2003	136	18	66	324	1 975
2004	175	20	70	417	2 023
2005	187	34	100	418	2 207
2006	300	50	154	387	2 285
2007	393	41	198	386	2 540
2008	384	47	284	396	2 453
2009	466	44	281	346	2 310
2010	566	75	381	310	2 179
2011	704	94	395	359	2 448
2012	791	112	505	352	2 552
2013	949	136	453	410	2 726
2014	1 112	138	476	372	2 841
2015	1 158	127	396	274	2 737
2016	1 073	202	461	342	2 883
2017	1 163	371	528	392	2 837
2018	906	340	500	404	2 699

数据来源:OECD。

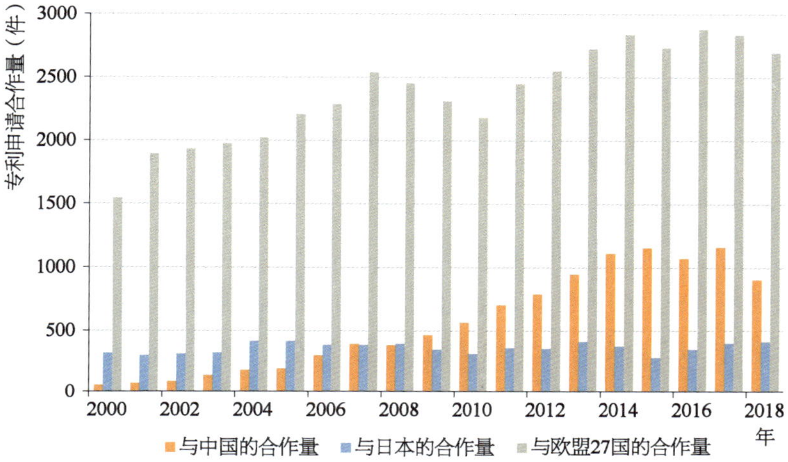

图 5.16　2000—2018 年美国与其他国家 PCT 专利申请合作量

（数据来源：OECD）

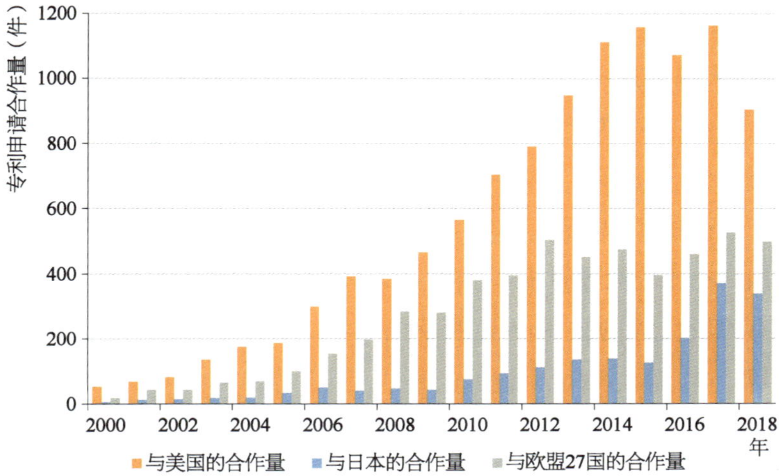

图 5.17　2000—2018 年中国与其他国家 PCT 专利申请合作量

（数据来源：OECD）

四、本 章 小 结

本章从专利申请与授权、专利技术领域以及专利申请的国际化程度等方面比较分析了中美两国在发明专利产出方面的差异,结果发现:

(1) 在发明专利产出规模方面,中国与美国的差距不断缩小,且在诸多指标上中国已显著超过美国。如在“本国受理的居民专利申请量”、“每百万居民专利申请量”、“每千亿美元 GDP 居民专利申请量”、“申请人为本国国籍的专利申请量”、“申请人为本国国籍的专利授权量”、“PCT 专利申请量”6 个指标上,中国已远超美国。

(2) 在“专利授权量/专利申请量”、“申请人为本国国籍的有效专利拥有量”、“国际合作数量”、“国际合作率”等指标上,中国远低于美国。其中前两项指标是刻画专利质量的重要指标,中美在这些指标上的差距,反映出中国专利产出质量明显落后美国。

(3) 在专利的技术领域方面,美国专利技术领域分布结构更为合理,大部分技术小类领域上的 PCT 专利申请量高于中国,尤其是在计算机技术、医疗技术、数字通信技术、制药、生物技术等方面拥有绝对优势;相比而言,中国结构较为单一,PCT 专利申请主要集中在数字通信技术、视听技术、电机/仪器/能源技术等电学类技术领域。中国具有比较优势的技术小类主要集中在电学类和机械类,而美国具有比较优势的技术小类涉及电学类、机械类、化学类等三大类领域。

第六章

中美技术贸易发展比较

技术贸易是通过技术的进出口行为实现国家间的技术互补，其价值化和方向性特征能够清晰刻画国家在技术合作中形成的相对重要性和相互依赖性。对比中美两国在技术贸易上的差距，能够更好地明确中国在全球技术流动网络中的地位，明晰中国技术创新的全球影响力。本章从以高技术产品出口为表征的显性技术贸易和以知识产权贸易为表征的隐性技术贸易两个方面，比较分析中美两国的技术贸易发展情况。

一、高技术产品出口

高技术产品出口综合反映了一个国家的工业体系的先进程度及其在全球生产网络中的地位。本节以世界银行数据库科学和技术子数据库(Science & Technology，World Bank Data)中的各国高技术产品出口额(high-technology exports)和高技术产品出口额占制成品出口额比重为数据源，从规模和占比两个方面比较分析中美两国在高技术产品出口上的差异。

(一) 高技术产品出口额

中国高技术产品出口额增长迅速，已远超美国，且领先优势不断扩大。2000 年以来，中美两国高技术产品出口呈现此消彼长的发展趋势，其中中国增长迅猛，由 2000 年的 417.4 亿美元增长至 2019 年的 7 158.4 亿美元，年均增长率达到 16.1%；而美国高技术产品出口呈现出总体下降的趋势，由 2000 年的 1 974.7 亿美元下降至 2019 年的 1 560.7 亿美元，年均增长率为−1.2%。从 2000 年至 2019 年，中国高技术产品出口从最初远落后于美国的不利地位到 2005 年反超美国后，迅速拉大与美国的差距，且中国已连续多年成为全球高技术产品出口额最高的国家(表 6.1 和图 6.1)。

(二) 高技术产品出口占制成品出口比重

中国高技术产品出口占制成品出口比重增长迅速，已超过美国。2000 年以来，中美两国高技术产品出口占制成品出口的比重均呈现出有升有降、总体平稳的发展趋势。其中，中国在 2000—2005 年间增长迅猛，由 2000 年的 19.0%增长至 2005 年的 30.8%；在 2005—2008 年间呈现下降的趋势，由 2005 年的 30.8%下降至 2008 年的

表 6.1　2000—2019 年中美两国高技术产品出口额比较

（单位：亿美元）①

年　份	中　国	美　国
2000	417.4	1 974.7
2001	494.1	1 761.6
2002	692.3	1 620.8
2003	1 086.7	1 602.9
2004	1 630.1	1 762.8
2005	2 159.3	1 907.4
2006	2 731.3	2 190.3
2007	3 426.1	2 444.8
2008	3 909.9	2 468.8
2009	3 592.7	1 541.1
2010	4 745.2	1 689.4
2011	5 401.9	1 694.6
2012	5 938.9	1 723.9
2013	6 560.0	1 721.5
2014	6 538.7	1 792.6
2015	6 522.4	1 783.5
2016	5 945.5	1 763.5
2017	6 541.9	1 566.4
2018	7 318.9	1 560.4
2019	7 158.4	1 560.7

数据来源：World Bank Data。

29.4%；在 2008—2019 年间，中国高技术产品出口占制成品出口比重虽有上下波动，但总体保持稳定，维持在 30%左右。美国在 2000—2019 年间，高技术产品出口占制成品出口比重迅速下降（虽

① 此处数据均按照 World Bank Data 数据库最新数据进行统计分析，基于以数据为准原则，对历年数据均进行了更新，因此部分数据与《中美科技竞争力评估报告(2019)》有所不同。表 6.2 同。

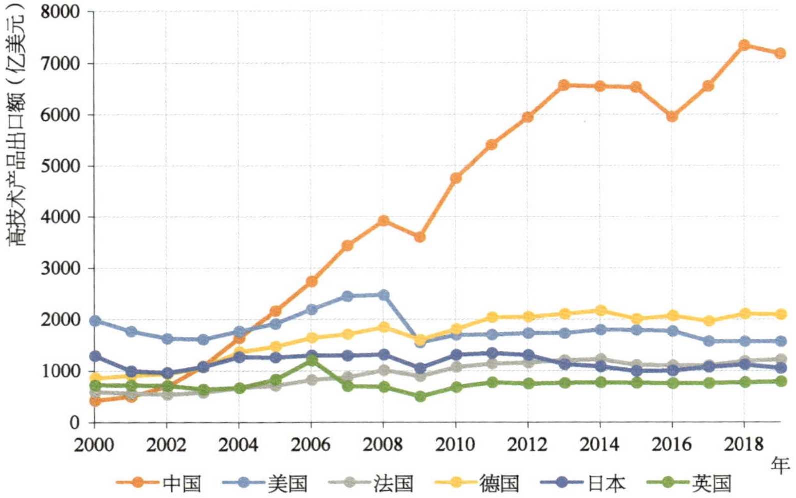

图 6.1　2000—2019 年中美两国及其他主要发达国家高技术产品出口额比较

（数据来源：UN Comtrade Database 和 World Bank Data）

在 2003—2004 年间有小幅度上升，但在其他年份下降趋势明显），由 2000 年的 33.7%下降至 2019 年的 18.9%。整体上看，在高技术产品出口占制成品出口比重方面，中国对美国已保持较大的优势，并且领先于其他发达国家（表 6.2 和图 6.2）。

表 6.2　2000—2019 年中美两国高技术产品出口占制成品出口比重比较

（单位：%）

年　份	中　国	美　国
2000	19.0	33.7
2001	21.0	32.6
2002	23.7	31.7
2003	27.4	30.7
2004	30.1	32.8
2005	30.8	32.7

（续　表）

年　份	中　国	美　国
2006	30.5	30.1
2007	30.2	30.4
2008	29.4	28.9
2009	31.9	24.9
2010	32.1	23.0
2011	30.5	21.0
2012	30.9	20.6
2013	31.6	20.5
2014	29.7	20.9
2015	30.4	21.8
2016	30.2	22.7
2017	30.9	19.5
2018	31.5	18.7
2019	30.8	18.9

数据来源：World Bank Data。

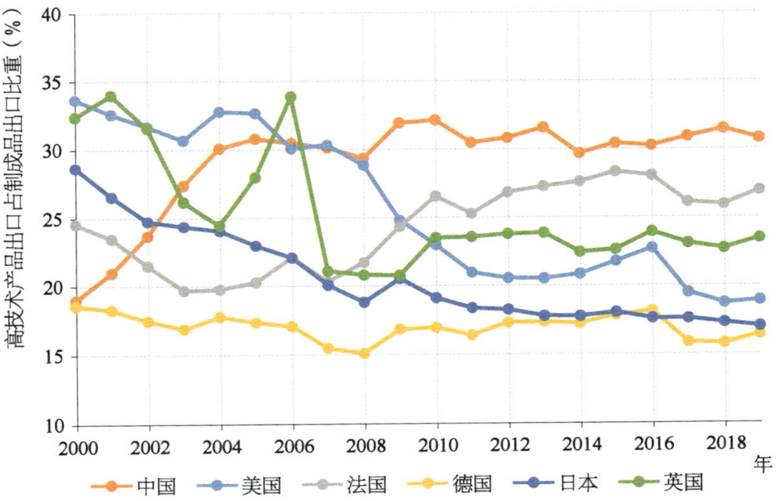

图 6.2　2000—2019 年中美两国及其他主要发达国家高技术产品出口占制成品出口比重比较

（数据来源：UN Comtrade Database 和 World Bank Data）

二、知识产权贸易

本报告以联合国商品贸易数据库(UN Comtrade Database)为数据源,基于2002年国际服务贸易统计手册(EBOPS)的分类标准,将其中高技术产品进出口额和特许权使用费和许可费(royalties and license fee)作为知识产权的衡量指标,获取2000—2018年中美两国及其他主要发达国家技术贸易数据。为检验指标的可用性和准确性,以世界银行数据库科学和技术子数据库中关于各国在知识产权交易中的支出和收益数据(charges for the use of intellectual property, payments and receipts)作为校验数据,校正结果为两个数据库数据统一。在知识产权贸易中,一个国家既可以通过向外出口知识产权,也可通过从外部进口技术参与到全球技术贸易中来,本报告将一个国家的技术进口量和技术出口量之和称之为其技术贸易总额。

(一) 整体比较

美国知识产权贸易总额远超中国,中美差距不断扩大。2000年以来,中美两国知识产权贸易总额皆呈现出快速增长态势,分别由2000年的13.6亿美元和684.1亿美元上升至2018年的413.4亿美元和2 003.1美元(表6.3和图6.3)。从全球范围来看,美国是全球知识产权贸易最发达的国家,其知识产权贸易额长期位居全球第一,且相对其他国家的领先优势还在不断扩大。中国知识产权贸易总额虽快速上升,从全球第17位上升至全球第5位,不仅显著落后于美国,还落后于爱尔兰、荷兰和日本等主要发达国家(表6.4)。从增长速度上看,在全球知识产权贸易总额前20的国家中,中国以年均20.9%的增速位居第2位,略低于俄罗斯的23.5%,而美国的年均增速仅为5.7%(表6.4)。

表 6.3　2000—2018 年中美两国知识产权贸易总额比较

（单位：亿美元）

年　份	中　国	美　国
2000	13.6	684.1
2001	20.5	661.5
2002	32.5	733.5
2003	36.6	760.7
2004	47.3	907.8
2005	54.8	1 000.3
2006	68.4	1 085.9
2007	85.3	1 242.8
2008	108.9	1 317.5
2009	114.9	1 297.0
2010	138.7	1 400.7
2011	154.5	1 594.2
2012	187.9	1 631.0
2013	219.2	1 669.0
2014	232.9	1 717.0
2015	231.1	1 653.8
2016	251.4	1 713.7
2017	335.5	1 818.0
2018	413.4	2 003.1

数据来源：UN Comtrade Database 和 World Bank Data。

表 6.4　世界主要国家知识产权贸易额及增长情况

国　家	2000 年(亿美元)	2018 年(亿美元)	年均增长率(%)
美国	684.1	2 003.1	5.7
爱尔兰	/	990.1	/
荷兰	46.8	769.6	16.8
日本	212.3	672.4	6.6
中国	13.6	413.4	20.9

（续　表）

国　家	2000 年(亿美元)	2018 年(亿美元)	年均增长率(%)
德国	69.5	400.0	10.2
瑞士	30.8	394.9	15.2
英国	172.2	352.3	4.1
法国	83.9	327.6	7.9
新加坡	51	258.9	9.4
韩国	40	176.3	8.6
加拿大	58.9	166.7	6.0
瑞典	24.1	123.1	9.5
意大利	39.4	100.8	5.4
西班牙	/	91.7	/
印度	3.7	86.9	19.2
比利时	/	81.0	/
卢森堡	2.6	74.6	20.5
俄罗斯	1.6	71.6	23.5
巴西	15.4	59.5	8.6

数据来源：UN Comtrade Database 和 World Bank Data。

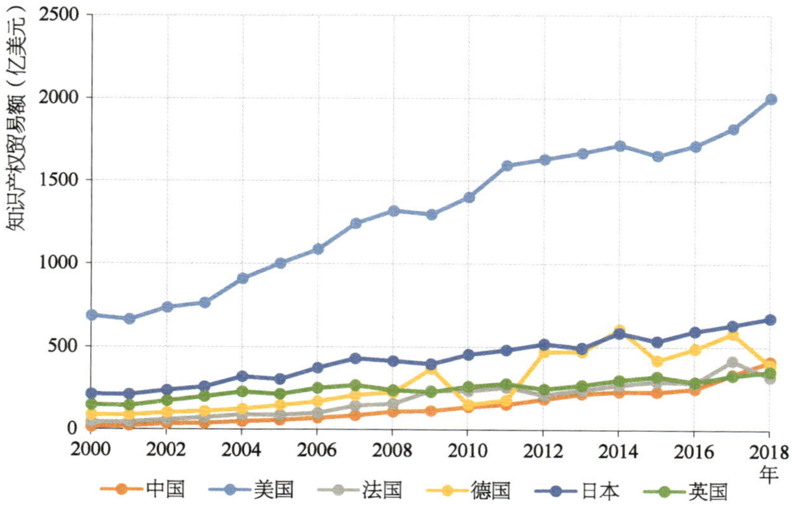

图 6.3　2000—2018 年中美两国及其他主要发达国家知识产权贸易总额比较

（数据来源：UN Comtrade Database 和 World Bank Data）

（二）技术进口额

中国技术进口额低于美国。2000—2018 年，中美两国的技术进口额呈上升态势，虽有波动，但增长显著，分别由 2000 年的 12.8 亿美元和 166.1 亿美元增长至 2018 年的 357.8 亿美元和 561.2 亿美元（表 6.5 和图 6.4）。从全球范围来看，美国由 2000 年的全球第一大知识产权市场国下降为 2008 年的全球第三大知识产权市场国，爱尔兰自 2009 年技术进口额超过美国后持续保持全球第一大知识产权市场国的地位（表 6.6）。中国的技术进口额在 2000 年仅位居全球第 12 位，在 2014 年超越新加坡后，至 2018 年，持续保持全球第 4 大知识产权市场国的地位。从增长速度上看，在全球技术进口额前 20 的国家中，中国年均增长速达 20.3%，低于俄罗斯的 28.4%、卢森堡的 23.1%和印度的 20.4%，而美国的年均增速仅为 7.0%（表 6.6）。

表 6.5　2000—2018 年中美两国技术进口额比较

（单位：亿美元）

年　份	中　国	美　国
2000	12.8	166.1
2001	19.4	166.6
2002	31.1	194.9
2003	35.5	192.6
2004	45.0	236.9
2005	53.2	255.8
2006	66.3	250.4
2007	81.9	264.8
2008	103.2	296.2
2009	110.7	313.0
2010	130.4	325.5
2011	147.1	360.9

(续 表)

年 份	中 国	美 国
2012	177.5	386.6
2013	210.3	388.6
2014	226.1	419.8
2015	220.2	406.1
2016	239.8	465.8
2017	287.5	534.4
2018	357.8	561.2

数据来源：UN Comtrade Database 和 World Bank Data。

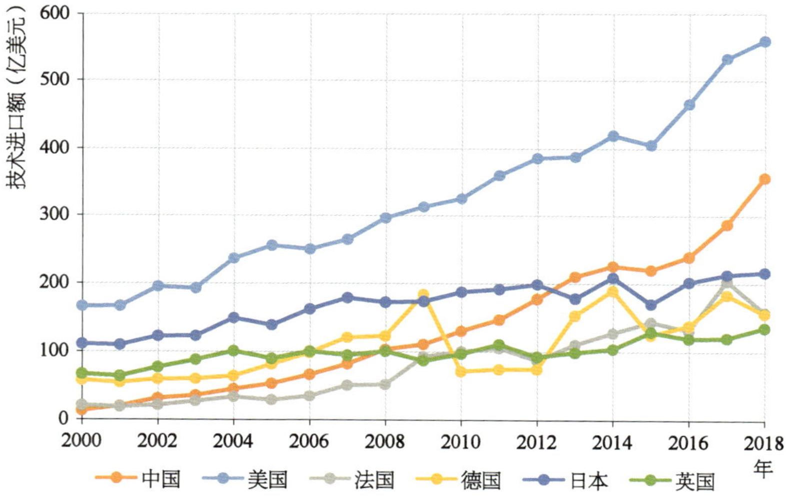

图 6.4 2000—2018 年中美两国及其他主要发达国家技术进口额比较
(数据来源：UN Comtrade Database 和 World Bank Data)

表 6.6 世界主要国家技术进口额及增长情况

国 家	2000 年(亿美元)	2018 年(亿美元)	年均增长率(%)
爱尔兰	/	851.2	/
美国	166.1	561.2	7.0

（续　表）

国　家	2000年（亿美元）	2018年（亿美元）	年均增长率（%）
荷兰	25.0	419.4	17.0
中国	12.8	357.8	20.3
日本	110.1	217.3	3.8
法国	44.2	159.4	7.4
德国	44.1	156.3	7.3
新加坡	50.4	151.8	6.3
瑞士	8.8	136.4	16.4
英国	71.4	135.5	3.6
加拿大	35.6	118.2	6.9
韩国	33.0	98.8	6.3
印度	2.8	79.1	20.4
西班牙	/	66.4	/
俄罗斯	0.7	62.9	28.4
泰国	7.1	52.7	11.8
意大利	26.2	51.4	3.8
巴西	14.1	51.2	7.4
卢森堡	1.2	50.2	23.1
瑞典	9.9	48.6	9.2

数据来源：UN Comtrade Database 和 World Bank Data。

（三）技术出口额

中国技术出口额远远落后于美国，且中美差距持续扩大。2000—2018年，中美两国在技术出口额上的发展态势差别较为明显，其中美国增长态势明显，由2000年的518.1亿美元增长至2018年的1 441.9亿美元；中国的技术出口额则上升缓慢，仅由2000年的0.8亿美元增长至2018年的55.6亿美元（表6.7和图6.5）。从全球范围来看，美国始终保持技术输出第一大国的地位，且逐渐拉大了与其他国家的差距。2018 年,中国的技术出口额仅位居全球第 12 位,几乎落后于所有发达国家。从增长速度上看,在全球技术出口额前 20 的国家中,中国的年均增长速度虽然达到 26.6%,但仍落后于新加坡(表 6.8)。可见,中国在技术出口方面任重道远。

表 6.7　2000—2018 年中美两国技术出口额比较

(单位: 亿美元)

年　份	中　国	美　国
2000	0.8	518.1
2001	1.1	494.9
2002	1.3	538.6
2003	1.1	568.1
2004	2.4	670.9
2005	1.6	744.5
2006	2	835.5
2007	3.4	978
2008	5.7	1 021.3
2009	4.3	984.1
2010	8.3	1 075.2
2011	7.4	1 233.3
2012	10.4	1 244.4
2013	8.9	1 280.4
2014	6.8	1 297.2
2015	10.8	1 247.7
2016	11.6	1 247.3
2017	48	1 283.6
2018	55.6	1 441.9

数据来源: UN Comtrade Database 和 World Bank Data。

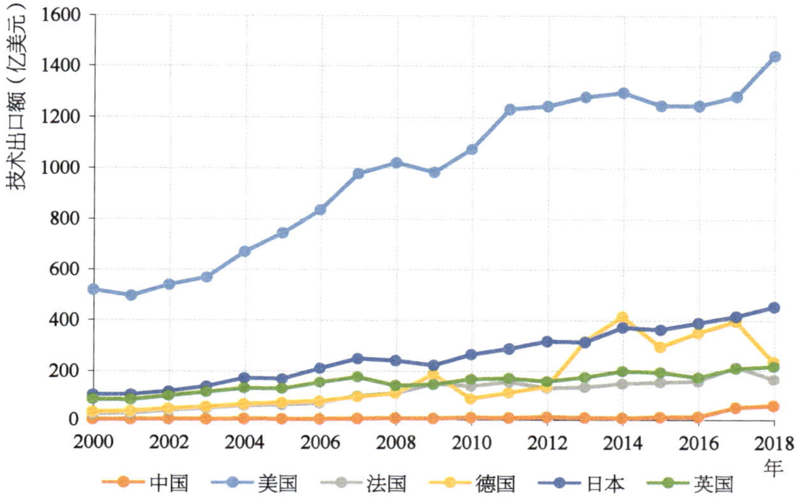

图 6.5　2000—2018 年中美两国及其他主要发达国家技术出口额比较

（数据来源：UN Comtrade Database 和 World Bank Data）

表 6.8　世界主要国家技术出口额及增长情况

国　家	2000 年(亿美元)	2018 年(亿美元)	年均增长率(%)
美国	518.1	1 441.9	5.2
日本	102.3	455.2	8.6
荷兰	21.7	350.2	16.7
瑞士	22.0	258.5	14.7
德国	25.4	243.7	13.4
英国	100.8	216.8	4.3
法国	39.7	168.2	8.4
爱尔兰	/	139.0	/
新加坡	0.6	87.2	31.9
韩国	7.0	77.5	14.3
瑞典	14.1	74.4	9.7
中国	0.8	55.6	26.6
意大利	13.2	49.4	7.6

(续　表)

国　家	2000年(亿美元)	2018年(亿美元)	年均增长率(%)
加拿大	23.2	48.4	4.2
比利时	/	43.6	/
芬兰	8.9	34.3	7.8
丹麦	/	33.3	/
西班牙	/	25.3	/
卢森堡	1.3	24.4	17.7
匈牙利	1.1	17.7	16.7

数据来源：UN Comtrade Database 和 World Bank Data。

三、本章小结

本章以高技术产品出口表征显性技术贸易，以知识产权进出口表征隐性技术贸易，比较分析了中美两国在技术贸易上的差距。结果发现：

(1) 在显性技术贸易方面，中国已成长为全球高技术产品出口额最高的国家，并逐渐拉大了与美国的差距，中国已成为全球高技术产品生产的中心，高技术产品出口额已超过美国、德国、日本、法国和英国等发达国家高技术产品出口额之和。

(2) 在隐性技术贸易方面，美国是全球技术贸易最发达的国家，其技术贸易额始终位居全球第一，尤其是在技术出口方面，美国远远超过中国及世界其他国家，全球技术进步离不开美国的技术输出。

第七章

中美企业科技竞争力比较

《中华人民共和国国民经济和社会发展第十四个五年规划和2035年远景目标纲要》强调，要完善技术创新市场导向机制，强化企业创新主体地位，促进各类创新要素向企业集聚，形成以企业为主体、市场为导向、产学研用深度融合的技术创新体系。企业是创新的主体，这一点无论是在创新相关理论中，还是在创新发展实践中，都被广泛阐释，并得到广泛验证。如在创新相关理论中，从熊彼特(Joseph A. Schumpeter)的经济发展理论到德鲁克(Peter F. Drucker)的企业家精神理论，从弗里曼(Christopher Freeman)的国家创新系统理论，库克(Philip Cooke)的区域创新系统理论到埃茨科威兹(Henry Etzkowitz)的三螺旋理论，都强调企业是创新的主体。在创新发展实践中，从美国、日本、德国、英国这些科技强国，硅谷、纽约、东京、伦敦这些全球科技中心城市的创新发展路径来看，也皆强调企业在国家、区域创新体系中的核心作用。因此，对比中美两国企业科技竞争力的差异，能够更好地明确中国在全球技术创新体系中的地位，明晰中国企业的科技发展态势。本章从科技投入和科技产出两个视角，基于国际权威智库报告和数据，比较分析了中美两国企业科技竞争力的差异。

一、企业科技投入

科技投入是企业科技创新过程中全部人力和财力支出的总和。本节以欧盟产业研发投资记分牌(The EU Industrial R&D Investment Scoreboard)发布的全球研发投入 2 500 强(2 500 World's Top R&D Investors)为数据源,从研发投入规模、研发强度和研发人员规模 3 个方面比较分析中美两国企业在科技投入上的差异。

(一)企业研发投入规模

企业研发投入规模上,中国企业研发投入规模逐年提高,但与美国的差距还在不断扩大。第三章数据统计显示,2000—2019 年,中国企业研发经费投入规模由 2000 年的 62.3 亿美元增长至 2019 年的 2 448.6 亿美元,美国企业研发经费投入规模则由 1 860.4 亿美元增长至 4 162.6 亿美元,中国与美国的差距由 1 798 亿美元扩大到 2 714 亿美元。这一点在欧盟产业研发记分牌发布的全球研发投入 2 500 强数据得到进一步验证。2014—2019 年,美国企业在研发投入规模上一直居于世界领先地位,显著高于中国及其他国家。在全球企业研发 2 500 强中,美国企业研发投入总规模由 2014 年的 2 322 亿美元波动增长至 2019 年的 3 477 亿美元,年均增长率为 8%。中国企业研发投入总规模由 2014 年的 361 亿美元波动上升至 2019 年的 1 188 亿美元,年均增长率达到 26%(表 7.1)。中美企业研发投入间差距由 2014 年的 1 971 亿美元增长至 2019 年的 2 289 亿美元。

从研发 2 500 强企业数量来看,中国快速追赶美国,但中美差距还非常显著。2014—2019 年,全球研发投入 2 500 强企业名单中,中国企业数量由 199 家快速增长至 536 家,年均增长率达到 22%,而美

表 7.1　2014—2019 年全球研发投入 2 500 强中中美企业研发投入规模比较　（单位：亿美元）

年　份	中　国	美　国
2014	361	2 322
2015	498	2 686
2016	618	2 900
2017	712	2 742
2018	964	3 125
2019	1 188	3 477

数据来源：The EU Industrial R&D Investment Scoreboard。

国企业数量却由 804 家波动下降至 775 家，中美间的差距快速缩小。具体来看，2014 年，全球研发投入 2 500 强中，中国企业数量仅有 199 家，仅是当年美国企业数量的 25%左右。2017 年，中国以 376 家企业数量超过日本，位居全球第二。2019 年，中国企业数量为 536 家，与 2014 年相比增加 1 倍之多，与美国仅差 239 家（表 7.2 和图 7.1）。

表 7.2　2014—2019 年全球研发 2 500 强中中美企业数量比较

（单位：家）

年　份	中　国	美　国
2014	199	804
2015	301	829
2016	327	837
2017	376	822
2018	438	778
2019	536	775

数据来源：The EU Industrial R&D Investment Scoreboard。

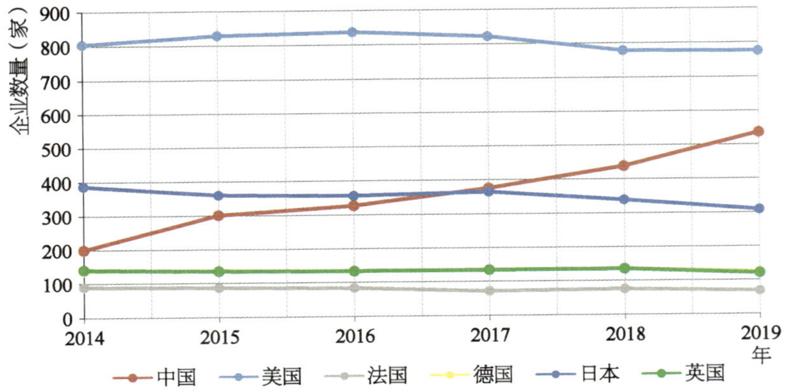

图 7.1　2014—2019 年全球研发 2 500 强中中美企业数量比较

(数据来源：The EU Industrial R&D Investment Scoreboard)

虽然在企业数量上中国快速追赶美国，但在高研发投入企业对比上，中美差距显著。在 2019 年全球研发 2 500 强中的前 1 000 强企业中，中国企业数量只有 168 家，美国企业数量却有 318 家，占比近 1/3。在前 100 强企业中，美国企业有 35 家，占比也接近 1/3，而中国企业仅有 10 家，分别为华为、阿里巴巴、腾讯、中国建筑集团有限公司、百度、中国铁路建设股份有限公司、中国国家铁路集团有限公司、中国石油天然气股份有限公司、上海汽车集团股份有限公司和中兴集团。在前 20 强企业中，美国企业有 10 家，德国有 4 家，瑞士和日本各有 2 家，而中国仅 1 家(表 7.3)。

表 7.3　2019 年全球研发投入前 20 强企业名单及其研发投入情况

(单位：亿美元)

排　名	企　　业	国　家	研发投入
1	谷歌(Alphabet)	美国	231.60
2	微软(Microsoft)	美国	171.52
3	华为(Huawei)	中国	167.13
4	三星(Samsung)	韩国	155.25

（续　表）

排　名	企　　业	国　家	研发投入
5	苹果(Apple)	美国	144.36
6	大众(Volkswagen)	德国	143.06
7	脸书(Facebook)	美国	121.06
8	英特尔(Intel)	美国	118.94
9	罗氏集团(Roche)	瑞士	107.53
10	强生(Johnson & Johnson)	美国	101.08
11	戴姆勒(Daimler)	德国	96.30
12	丰田(Toyota Motor)	日本	90.58
13	默克(Merck US)	美国	82.35
14	诺华(Novartis)	瑞士	77.13
15	吉利德(Gilead Sciences)	美国	73.94
16	辉瑞(Pfizer)	美国	73.73
17	本田(Honda Motor)	日本	68.35
18	福特(Ford Motor)	美国	65.87
19	宝马(BMW)	德国	64.19
20	博世(Robert Bosch)	德国	62.29

数据来源：The EU Industrial R&D Investment Scoreboard。

行业类别上，中国的高研发投入企业行业分布较均衡，而美国高研发投入企业高度集中于生物医药和计算机产业。2019年，中国跻入全球研发2 500强的536家企业中，来自电子电气设备产业、软件和计算机服务产业、技术硬件和设备产业、生物医药企业分别为75家、62家、50家和48家。而美国跻入全球研发2 500强的775家企业中，有234家企业来自生物医药产业，来自技术硬件和设备产业、生物医药企业产业的企业也分别达153家和80家。这三个产业领域的企业数量占比超60%（图7.2和表7.4）。

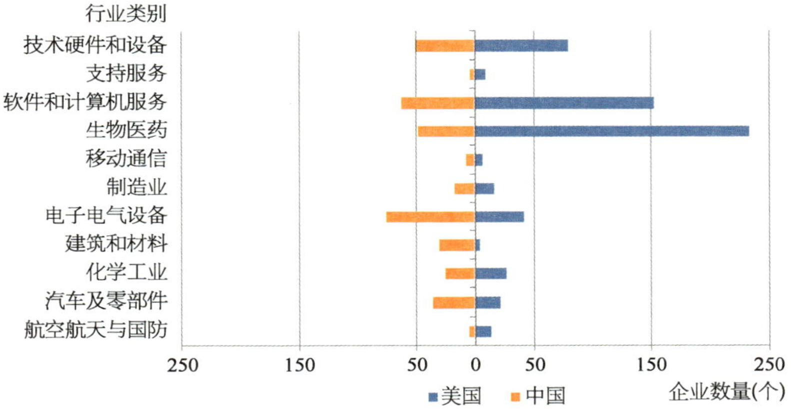

图 7.2　2019 年全球研发投入 2 500 强企业中中美企业行业分布

(数据来源：The EU Industrial R&D Investment Scoreboard)

表 7.4　2019 年全球研发投入 20 强企业行业分布

企　业	国　家	行 业 类 别
谷歌	美国	软件与计算机服务
微软	美国	软件与计算机服务
华为	中国	技术硬件与设备
三星	韩国	电子电气设备
苹果	美国	技术硬件与设备
大众	德国	汽车及零部件
脸书	美国	软件与计算机服务
英特尔	美国	技术硬件与设备
罗氏集团	瑞士	生物医药
强生	美国	生物医药
戴姆勒	德国	汽车零部件
丰田	日本	汽车零部件
默克	美国	生物医药
诺华	瑞士	生物医药
吉利德	美国	生物医药
辉瑞	美国	生物医药

（续　表）

企　业	国　家	行业类别
本田	日本	汽车及零部件
福特	美国	汽车及零部件
宝马	德国	汽车及零部件
博世	德国	汽车及零部件

数据来源：The EU Industrial R&D Investment Scoreboard。

（二）企业研发强度

对比2019年内中美两国研发投入规模前10强企业的研发投入强度，中国研发投入规模前10强企业的平均研发强度为7.1%，仅有华为、百度、中兴企业的研发强度超过10%，而美国研发投入规模前10强企业的平均研发强度为16.5%，比中国高出9.4%。美国除苹果和福特之外，其余企业研发强度均高于10%，其中吉利德以35%的研发强度位居首位（表7.5和表7.6）

表7.5　2019年全球研发投入2 500强按研发强度排序中国前10强企业及其研发强度

企　业	研发强度（%）
百度（Baidu）	17.08
华为（Huawei）	15.27
中兴（ZTE）	14.35
阿里巴巴（Alibaba）	8.45
腾讯（Tencent）	8.05
中铁建（China Railway Construction）	2.02
中铁（China Railway）	1.94
上汽（Saic Motor）	1.85

(续　表)

企　　业	研发强度(%)
中建(China State Construction Engineering)	1.56
中石油(PetroChina)	0.62

数据来源：The EU Industrial R&D Investment Scoreboard。

表 7.6　2019 年全球研发投入 2 500 强按研发强度排序美国前 10 强企业及其研发强度

企　　业	研发强度(%)
吉利德	37.00
默克	19.75
脸书	19.24
英特尔	18.57
谷歌	16.07
辉瑞	16.01
强生	13.84
微软	13.47
苹果	6.23
福特	4.75

数据来源：The EU Industrial R&D Investment Scoreboard。

行业类别上，中美高研发强度企业均集中于生物医药产业。2019 年全球研发强度 1 000 强中，中国企业有 175 家，其中 52 家来自软件和计算机服务产业(占 30%)，29 家来自生物医药产业(占 17%)，29 家来自电子电气设备产业(17%)；美国企业有 466 家，其中生物医药企业 167 家(占 36%)，软件和计算机服务企业 145 家(占 31%)，技术硬件与设备企业数量占比 14%。将范围缩小至 2019 年全球研发投入强度 100 强，中国 6 家企业中有 5 家来自生物医药产业，美国 63 家企业中也有 62 家企业来自生物医药产业。在 2019 年全球研发投入强度 20 强中，所有企业皆来自生物医药产业（图 7.3）。

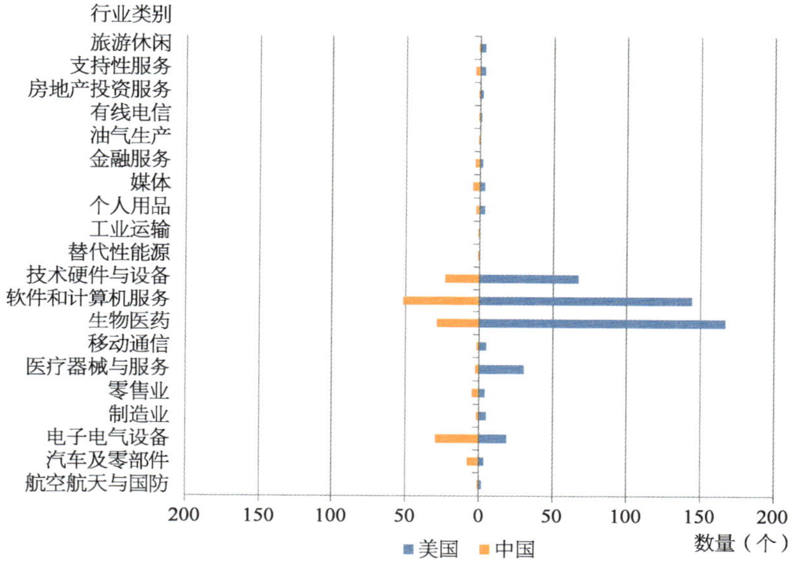

图 7.3 2019 年全球研发投入 2 500 强按研发强度排序前 1 000 强企业中中美企业行业分布

（数据来源：The EU Industrial R&D Investment Scoreboard）

（三）研发人员规模

研发人员规模上，中国企业研发人员规模不断上升，已超越美国。在 2014—2019 年全球研发投入 2 500 强中，中国企业研发人员总规模由 677 万人（来自 199 家企业）波动增长至 1 197 万人（来自 536 家企业），年均增长率为 12%；而美国则从 1 164 万人（来自 804 家企业）波动下降至 1 086 万人（来自 775 家企业），年均增长率为 −1.4%。2018 年，中国企业研发人员规模超越美国（表 7.7）。依据研发人员规模将全球研发投入 2 500 强重新排序，在研发人员规模 1 000 强企业中，中国企业数量从 2014 年的 153 家增长至 2019 年的

249 家,而美国则从 247 家降低至 204 家;在研发人员规模 100 强企业中,中国企业由 2014 年的 10 家增加至 2019 年的 30 家,而美国企业由 22 家减少至 20 家。在 2019 年研发人员 20 强企业中,中国(包括台湾地区)企业有 5 家,而美国仅有国际 IBM(表 7.8)。

表 7.7　2014—2019 年全球研发投入 2 500 强中中美企业研发人员规模比较

(单位:万人)

年　份	中　国	美　国
2014	677	1 164
2015	748	1 129
2016	879	1 113
2017	990	1 104
2018	1 120	1 076
2019	1 197	1 086

数据来源:The EU Industrial R&D Investment Scoreboard。

表 7.8　2019 年全球研发投入 2 500 强按研发人员数量排序前 20 强企业及其研发人员数量

公　　司	国家(地区)	研发人员(万人)
大众	德国	67.12
德国邮政	德国	54.69
埃森哲	爱尔兰	49.20
中国石油	中国	46.07
中国石化	中国	40.22
罗伯特博世	德国	39.82
西门子	德国	38.50
阿霍尔德	荷兰	38.00
丰田汽车	日本	35.95
国际商业机器公司	美国	35.26

（续　表）

公　　司	国家(地区)	研发人员(万人)
宝成	中国(台湾地区)	35.16
中国建工	中国	33.50
欧尚控股	法国	32.97
德国铁路	德国	32.39
日本电话公司	日本	31.90
日立	日本	30.11
戴姆勒	德国	29.87
费森尤斯	德国	29.41
中国铁建	中国	29.39
雀巢	瑞士	29.10

数据来源：The EU Industrial R&D Investment Scoreboard。

行业类别上看，中美拥有大规模研发人员的企业的行业分布皆较为均衡。2019 年全球研发投入 2 500 强按研发人员规模排序的前 1 000 强企业中，中国在电子与电气设备产业的企业有 38 家，采矿业、汽车和零部件、技术硬件和设备产业的企业数量也分别有 22 家、22 家和 21 家。美国在技术硬件和设备、制造业产业的企业数量均为 25 家，工业工程、电子和电气设备产业的企业数量也均为 20 家，软件和计算机服务产业领域也有 18 家企业(图 7.4)。

二、企业科技产出

本节从企业 PCT 专利申请量、专利质量和销售额三方面对比中美两国企业科技产出情况。

（一）企业 PCT 专利申请量

企业数量上，中国快速追赶美国，但在 PCT 专利申请量上，中国

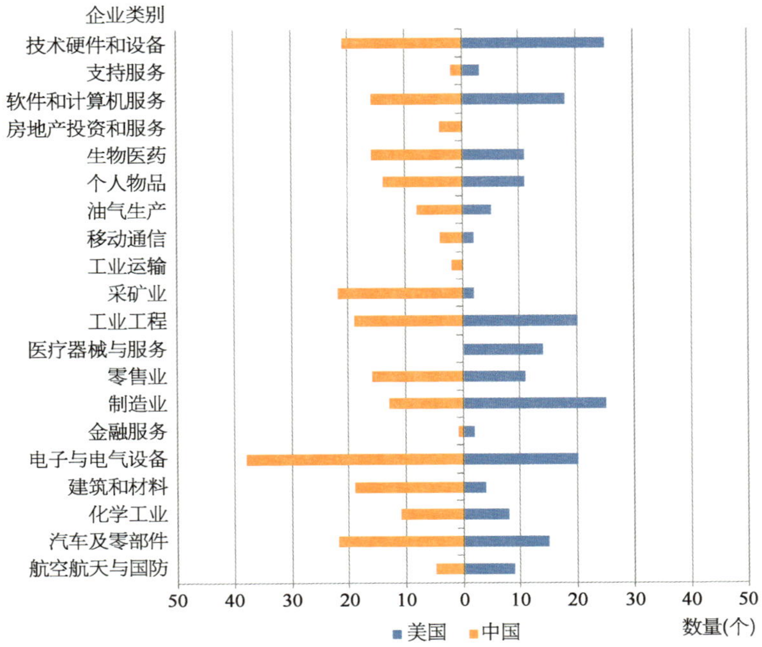

图 7.4 2019 年全球研发投入 2 500 强按研发人员规模排序前 1 000 强企业

(数据来源:The EU Industrial R&D Investment Scoreboard)

已实现反超。根据 WIPO 统计数据,2005—2019 年,全球 PCT 专利申请量前 1 000 强企业中,中国由 7 家增长到 191 家,而美国从 403 家减少至 233 家,中美差距快速缩小。在全球 PCT 专利申请量前 100 强企业中,中国从 1 家增长至 20 家,美国从 29 家波动下降至 18 家,中国已领先美国。在 PCT 专利申请量上,全球 PCT 专利申请前 1 000 强企业中,中国企业 PCT 专利申请量由 2005 年的 383 件快速增长至 2019 年的 29 581 件,美国企业 PCT 专利申请量则由 21 346 件缓慢增长至 27 021 件,中国企业已实现反超(图 7.5)。这一现象在全球 PCT 专利申请量前 100 强中更为明显,中国企业 PCT 专利申请量由 249 件快速增长至 18 166 件,美国企业 PCT 专利申请量则由 8 845 件缓慢增长至 12 030 件(图 7.6)。2019 年,中美排行第一的企业分别为华为和高通,华为 PCT 专利产出达 4 411 件,是美国高通 PCT 专利量的 2 倍(表 7.9)。

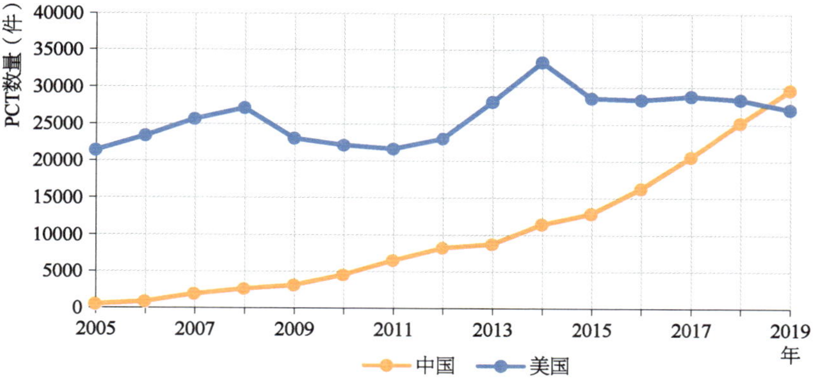

图 7.5　2005—2019 年产出前 1 000 强中中美企业 PCT 申请总量比较

（数据来源：WIPO）

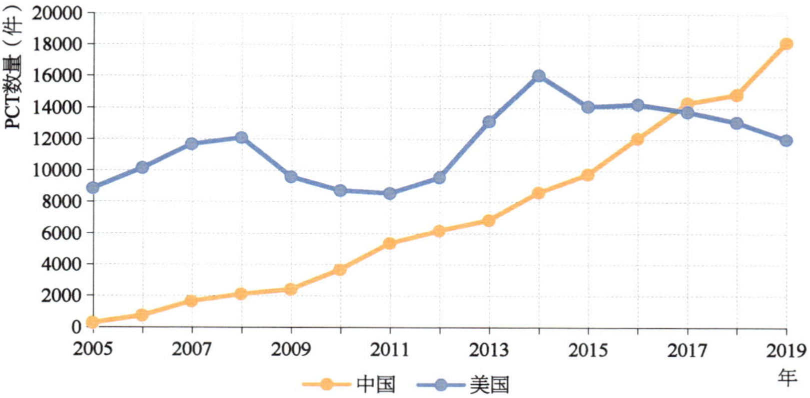

图 7.6　2005—2019 年产出前 100 强中中美企业 PCT 申请总量比较

（数据来源：WIPO）

表 7.9　2019 年 PCT 专利产出前 20 强企业

排行	企　　业	国家	PCT 申请数量(件)
1	华为(Huawei)	中国	4 411
2	三菱电机(Mitsubishi Electric Corporation)	日本	2 661
3	三星电子(Samsung Electronics)	韩国	2 334
4	高通(Qualcomm Incorporated)	美国	2 127

(续　表)

排行	企　　业	国家	PCT 申请数量(件)
5	OPPO	中国	1 927
6	京东方科技(Boe Technology)	中国	1 864
7	爱立信(Telefonaktiebolaget Lm Ericsson)	瑞典	1 698
8	平安科技(Ping An Technology)	中国	1 691
9	博世公司(Robert Bosch Corporation)	德国	1 687
10	乐喜金星电子(LG Electronics INC)	韩国	1 646
11	LG 化学(LG Chem)	韩国	1 624
12	松下(Panasonic)	日本	1 567
13	索尼(Sony Corporation)	日本	1 566
14	惠普(Hewlett-Packard)	美国	1 507
15	微软(Microsoft)	美国	1 370
16	富士胶片(Fujifilm Corporation)	日本	1 158
17	西门子(Siemens Aktiengesellschaft)	德国	1 153
18	中兴(ZTE)	中国	1 085
19	电装(Denso)	日本	1 026
20	日本电气(NEC Corporation)	日本	1 024

数据来源：WIPO。

（二）企业专利质量

在专利质量上，中国与美国差距显著。科睿唯安(Clarivate Analytics)发布的“德温特全球创新机构百强(Derwent Top 100 Global Innovators)”通过综合考量全球各大企业的专利质量(覆盖专利总量、专利授权成功率、专利组合的全球覆盖率，以及专利影响力 4 个维度)，从而遴选并表彰其中最具创新力的百大机构。依据这一榜单，2017—2021 年，全球专利质量百强企业高度集聚在美国和日本两个国家，其中美国更是在 2020 年超越日本，位居全球第一。2020 年，美国上榜企业达 41 家，而中国仅有 3 家企业进入百强(图 7.7)。

行业分布上，中国 3 家企业主要分布在有线电信、软件和计算机服务、电子电气设备 3 个领域；而美国 41 家企业中，有 15 家属于电子电气设备行业、6 家属于软件和计算机服务行业、4 家属于制造行业，其他企业分布在化学制品、生物医药、个人用品等行业。

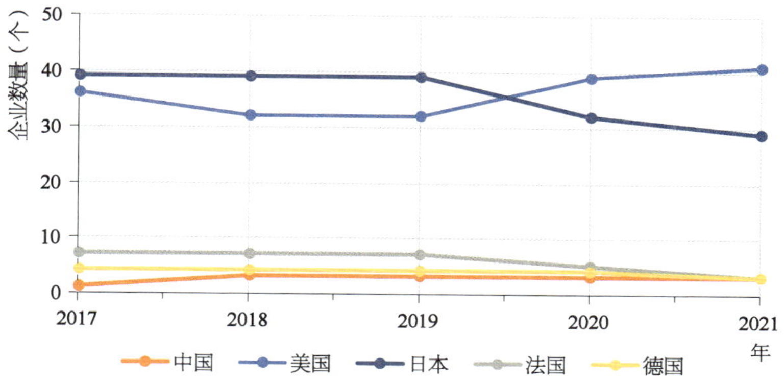

图 7.7　2017—2021 年专利质量百强企业主要国家分布情况

（数据来源：Clarivate Analytics）

（三）企业销售额

美国企业平均销售额不断上升，已超越中国。根据欧盟产业研发投资记分牌发布的全球研发投入 2 500 强企业的销售额数据，2013—2019 年，美国企业平均销售额从 49.1 亿美元增长到 69.1 亿美元，中国企业平均销售额从 68.8 亿美元波动下降至 67.6 亿美元，由此可见美国入围榜单企业的平均销售额已超越中国入围榜单企业（图 7.8）。

全球上市百强企业数量上，美国独占鳌头，中美差距显著。福布斯（Forbes）从销售额、利润、资产以及市值 4 个指标对科技、媒体、数字零售和电信等领域的百强上市企业进行估值，从而发布《全球数字经济 100 强》。根据福布斯发布的 2018 年和 2019 年全球数字经济 100 强，虽然美国企业数呈现下降趋势，从 49 家减少至 38 家，但总数量始终保持世界第一。中国企业数量同样呈现下降趋势，从 16 家减

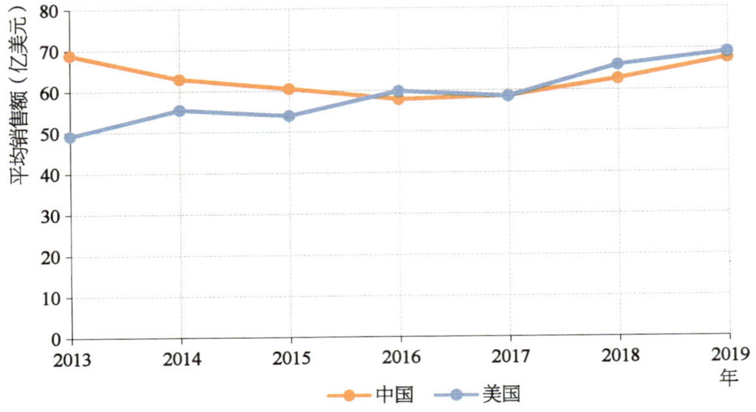

图 7.8　2013—2019 年全球研发投入 2 500 强中中美企业平均销售额比较

(数据来源:The EU Industrial R&D Investment Scoreboard)

少至 9 家,在 2019 年被日本(13 家)超越,总数量从全球第二降至第三位(图 7.9)。2019 年全球上市企业前 3 家企业分别是美国的苹果(Apple)、微软(Microsoft)和韩国的三星(Samsung Electronics),美国企业在前 10 强中占据了 7 家,而中国内地只有 2 家,中国移动有限公司(China Mobile Limited)和阿里巴巴集团(Alibaba Group),分别排在第 8 和第 10 位。从中国上市的企业地区来看,中国内地 10 家、香港 2 家、台湾地区 2 家(表 7.10)。

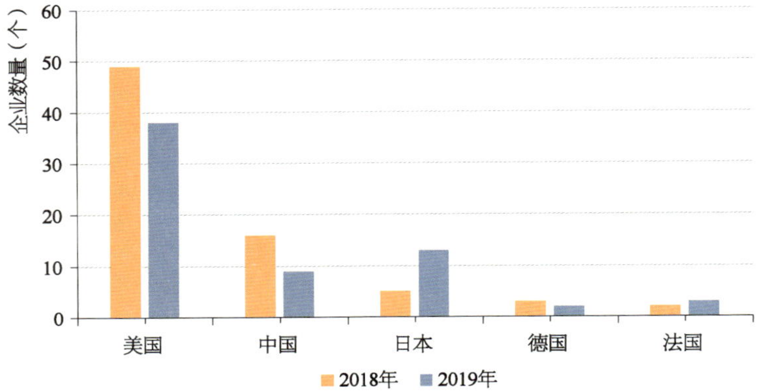

图 7.9　2018—2019 年福布斯全球数字经济 100 强主要国家分布变化

(数据来源:Forbes)

表 7.10　2019 年福布斯全球数字经济 100 强中前 10 强企业名单

排名	企　业	企业中文	国家	行业类别
1	Apple	苹果	美国	计算机硬件
2	Microsoft	微软	美国	软件与程序
3	Samsung Electronic	三星电子	韩国	半导体
4	Alphabet	Alphabet	美国	计算机服务
5	AT&T Inc.	AT&T	美国	电信服务
6	Amazon	亚马逊	美国	互联网和目录零售
7	Verizon Communications	威瑞森电信	美国	电信服务
8	China Mobile Limited	中国移动有限公司	中国	电信服务
9	Walt Disney Company	华特迪士尼	美国	广播与有线电视
10	Alibaba Group	阿里巴巴集团	中国	互联网和目录零售

数据来源：Forbes。

三、案例比较：苹果和华为

销售额上，华为市场销售额持续增长，但仍显著低于苹果。2014—2019 年，华为的销售额不断提高，从 2014 年的 465 亿美元持续增长至 2019 年的 1 130 亿美元，年平均增长率为 19.4%；而苹果公司的销售额由 2014 年的 1 506 亿美元波动增长至 2019 年的 2 139 亿美元，年平均增长率为 7.3%。2014 年，华为与苹果销售额差额 1 401 亿美元，到 2019 年，仅差 1 009 亿美元，差距不断缩小（图 7.10）。

研发强度上，华为虽有下降，但始终远高于苹果。2014 年，华为的研发强度在 25%左右，到了 2015 年迅速降低至 15%左右，之后有

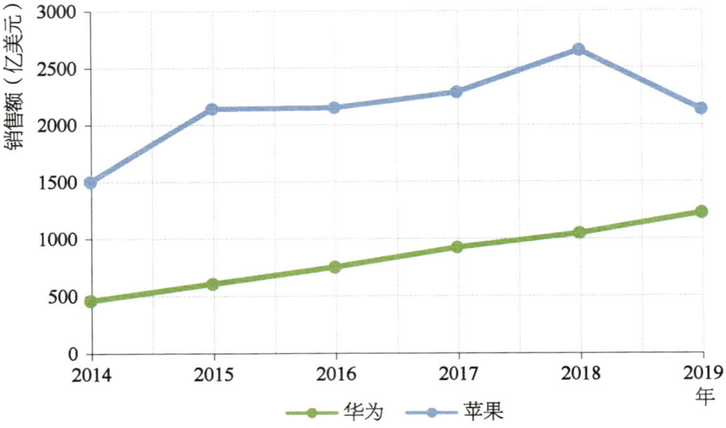

图 7.10　2014—2019 年华为与苹果销售额比较

(数据来源:The EU Industrial R&D Investment Scoreboard)

所波动,到了 2019 年降低到 14%,2014—2019 年华为平均研发强度为 14.7%。苹果的研发强度在 6 年内缓慢上升,2014 年研发强度为 3%,到了 2019 年上升至 5%,年平均增长率为 16%。此外,华为和苹果的研发强度差距也在缩小,从 2014 年 23%下降到 2019 年 8.4%,缩小了 14.6 个百分点(图 7.11)。

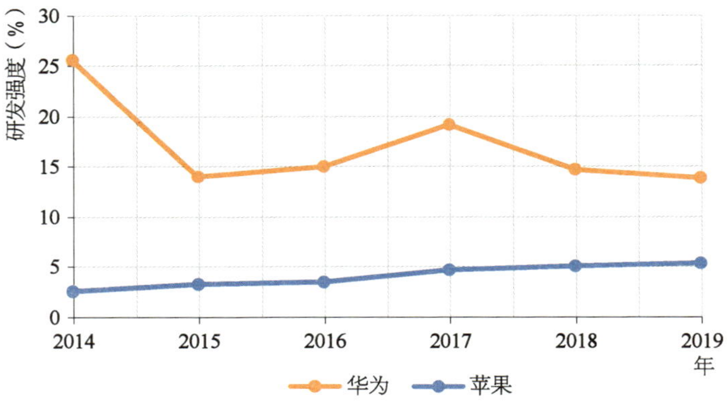

图 7.11　2014—2019 年华为与苹果研发强度比较

(数据来源:The EU Industrial R&D Investment Scoreboard)

研发人员规模上，华为研发人员规模领先于苹果，但领先差距不断缩小。2014—2019 年，华为员工数量有所提高，从 2014 年 17 万人到 2019 年的 18.8 万人，年均增长率为 2%；而苹果员工数量在 6 年间不断提升，从 2014 年的 8 万人到 2019 年的 13.2 万人，年均增长率 10%。而苹果与华为研发人员的差距在 2014 年为 8.97 万人，到了 2019 年缩小到 5.6 万人，研发人员差距缩小了 3 万多人（图 7.12）。

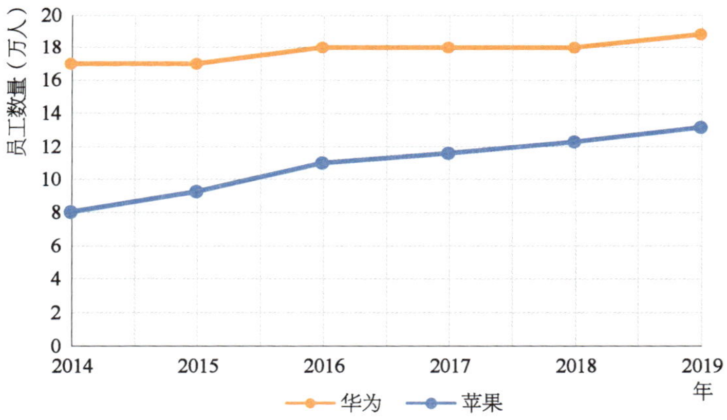

图 7.12　2014—2019 年华为与苹果员工数量比较

（数据来源：The EU Industrial R&D Investment Scoreboard）

在 PCT 专利申请量，华为始终高于苹果，且差距不断扩大。2007 年，华为 PCT 专利数量为 1 365 件，而苹果仅有 85 件，两家企业相差 1 280 件。2013 年之后，华为的 PCT 数量迅速上升，从 2013 年的 2 110 件提高至 2018 年的 5 405 件，提高 1 倍之多，到了 2019 年有所下降（4 411 件）。而苹果的 PCT 数量一直稳定在 1 000 件以内，2019 年 PCT 产出仅有 306 件（图 7.13）。

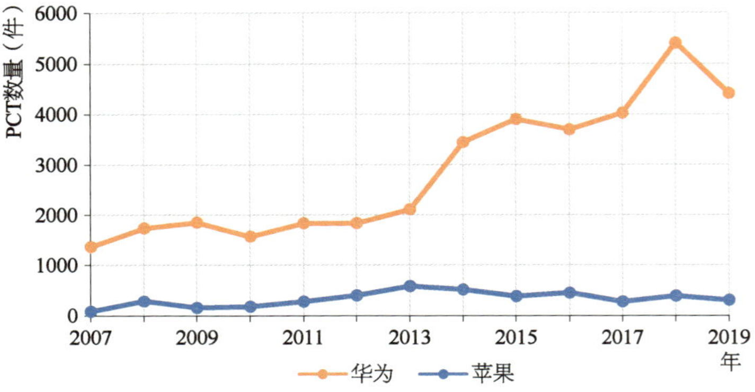

图 7.13　2007—2019 年华为与苹果 PCT 数量比较

(数据来源：WIPO)

四、本 章 小 结

本章从科技投入和科技产出两方面比较分析了中美两国企业科技竞争力方面的差异,结果发现:

(1) 企业科技投入方面,依据欧盟产业研发投资记分牌发布的全球研发投入 2 500 强,在企业研发人员上,中国企业已远超美国企业。但在企业研发投入规模、企业研发投入强度和顶尖企业数量上,中国企业整体低于美国企业。在行业类别上,中国的高研发投入企业行业分布较均衡,而美国高研发投入企业高度集中于生物医药和计算机产业。

(2) 在企业科技产出方面,中美在 PCT 专利产出的总申请量和企业数量上差距不断缩小,近年来在总申请量上已实现反超。在企业销售额上,美国企业平均销售额不断上升,已超过中国。

(3) 对比美国的苹果和中国的华为两家企业来看,华为公司在研发强度、PCT 数量和员工数量上,始终保持领先地位,但市场销售额表征的市场份额上,华为与苹果的差距依然显著。

第八章

结论与建议

一、结　论

本报告在《中美科技竞争力评估报告(2019)》的基础上，持续跟踪中美科技发展动态，继续从科技人力资源竞争力、科技财力资源竞争力、科学研究竞争力、技术创新竞争力和科技国际化竞争力 5 个方面客观评估了中美两国科技竞争力的发展差异，并对比了中美两国企业科技竞争力的大小，得出以下结论：

(1) 中国科技竞争力发展迅速，与美国的差距逐渐缩小，但在某些指标上的差距依然十分明显。2004—2018 年，中国科技竞争力指数增长迅速，由 0.053 快速提升到 0.511；美国科技竞争力指数略有增长，由 0.591 上升至 0.841；中美两国科技竞争力指数的差值由 0.538 减少到 0.330，表明中国科技竞争力与美国的差距在持续缩小。2018 年，中国科技竞争力指数与美国科技竞争力指数之比为 60.8%，也就是说，中国的科技竞争力水平约为美国的 61%。可见，中国与美国的科技竞争力仍然存在一定的差距。

(2) 在科技人力资源方面，中国在一些规模指标上已超越美国，美国在诸多质量指标上保持领先优势，中国的整体科技人力资源竞争力仍落后于美国。2004—2018 年，中国科技人力资源竞争力指数由 0.025 快速增长至 0.538，美国科技人力资源指数由 0.414 增长至 0.659，中美两国科技人力资源竞争力指数的比值由 6.0%上升到 81.6%，中国与美国的差距正在快速缩小。具体而言，在全时当量研究人员数量上，中国在 2010 年超越美国后，迅速拉大与美国的差距，至 2018 年中国已达 186.6 万人，而美国仅为 143.4 万人(2017 年)；在科学与工程学士学位授予数上，中国在 2004 年超越美国后，迅速拉大与美国的差距，至 2015 年达到 1 716.4 万人，比美国多出 965.2

万人。但是,中国在诸多科技人力资源质量指标上仍显著低于美国,这也是导致中国整体科技人力资源竞争力低于美国的主要原因。如在高被引科学家数量上,2020 年中国仅有 783 人,而美国多达 2 649 人;在诺贝尔三大自然科学奖获奖人数上,目前中国仅有 1 人,美国则多达 179 人(截至 2021 年);在招收国际留学生规模上,2018 年中国仅为 25.8 万人,美国达到 98.7 万人。

(3) 中国科技财力资源竞争力快速提升,尤其是在研发经费投入规模上,与美国差距不断缩小,但在研发经费投入强度、政府研发经费投入、基础研究研发经费投入等方面与美国的差距还是很显著。2004—2018 年,中国科技财力资源竞争力指数由 0 上升至 0.589,与美国的差距由 0.506 下降至 0.411。中国科技财力资源竞争力的提升突出反映在研发经费投入规模上,虽然美国始终是全球研发经费投入最高的国家,但中国研发经费的年均增长速度高达 19.5%,投入规模在 2013 年超过日本后,一直位居全球第二,但与美国仍旧存在巨大差距。中国在研发经费投入强度和投入结构方面与美国差距较大。中国研发经费投入强度由 2000 年的 0.9%上升至 2019 年的 2.2%,但与美国的 3.1%相比,差距仍较明显。在研发投入来源方面,中国的企业、政府和高校研发经费投入均远落后于美国。从研发活动类型来看,中国的基础研究、应用研究和试验发展研发经费投入均低于美国。2000—2019 年,中国的基础研究研发经费投入占比始终徘徊在 5.0%左右,而美国则始终保持在 15.0%～20.0%。同时在应用研究上,中国的研发经费投入占比在逐年降低,至 2019 年仅为 11.3%左右,而美国始终保持在 20.0%左右。从研发经费的执行部门来看,中国高校研发经费执行规模和占比明显低于美国。2019 年,中国高校执行的研发经费为 260.5 亿美元,而美国高校为 787.1 亿美元,中国高校执行的研发经费仅为美国高校的 1/3。2000—2019 年,中国高校执行的研发经费占比从 8.6%下降至 8.1%,而美国同期则由 11.4%上升至 12.0%。高校是基础研究的主体，中国高校研发经费执行规模和占比偏低，与中国基础研究投入不足不无关系。

(4) 由于高质量研究成果不足，中国科学研究竞争力显著落后于美国。2004—2018 年，中国科学研究竞争力指数快速提升，由 0.001 上升至 0.612；美国科学研究竞争力指数高位提升，由 0.795 上升至 0.909，中美之间的差距依旧十分显著。中国科学研究竞争力的快速提升，突出反映在中国科研论文的产出规模上。2004—2018 年间，中国 SCI 论文数量年均增长率达 16.5%，在 2006 年超过日本、德国、英国和法国等发达国家成为世界第二大科研论文大国后，快速向世界第一大科研论文大国——美国逼近，至 2018 年，中国 SCI 论文数量达到 38.3 万篇(美国为 40.1 万篇)。美国在科学研究竞争力上的优势，突出反映在科研论文产出质量上。如在 ESI 高被引论文数量上，2018 年美国为 5 548 篇，而中国为 4 643 篇；在 *Nature*-*Science* 期刊论文数量上，2018 年美国为 1 135 篇，而中国仅有 239 篇。

(5) 中国技术创新竞争力迅速上升，但仍与美国存在较大差距。2004—2018 年，中国技术创新竞争力指数由 0.086 上升至 0.650，上升势头较快；美国技术创新竞争力指数由 0.587 上升至 0.841，2018 年中国技术创新竞争力指数达到美国的 77.2%。中国技术创新竞争力的提升突出反映在发明专利产出上，如在本国受理的居民专利申请量上，中国的年均增长率达 22.7%，在 2009 年超越美国后稳居全球第一。2019 年中国的本国受理的居民专利申请量达到 124.4 万件，约为美国的 4 倍。美国的技术创新竞争力持续位居高位，其领先于中国的优势突出反映在发明专利的产出质量上，如在申请人为本国国籍的有效专利拥有量上，2019 年美国为 298.4 万件，而中国仅有 214.1 万件。

(6) 中国科技国际化竞争力增长缓慢,在国际科技合作方面与美国的差距显著,且近年来有扩大趋势。2004—2018 年,中国科技国际化竞争力增长缓慢,竞争力指数仅由 0.189 上升至 0.472。与美国的差距扩大主要体现在国际科研合作论文方面,如在数量上,2019 年美国为 18.9 万篇,而中国仅有 12.3 万篇,中美两国的差距由 2000 年的 4.9 万篇扩大至 2018 年的 6.6 万篇。

(7) 在技术贸易方面,中国的高技术产品出口额稳居全球第一,但在技术出口方面远远落后于美国。高技术产品出口综合反映了一个国家工业体系的先进程度及其在全球生产网络中的地位。2000 年以来,中美两国高技术产品出口呈现此消彼长的发展趋势。其中,中国的年均增长率为 16.1%,而美国的年均增长率为−1.2%。2019 年,中国高技术产品出口额达 7 158.4 亿美元,美国仅为 1 560.7 亿美元,中国是美国的 4 倍多。中国高技术产品出口额自 2005 年超过美国后,迅速拉大与美国的差距,并已连续多年成为全球高技术产品出口额最高的国家。但是,中国在以知识和技术贸易为代表的全球创新网络中的地位却十分微弱,与美国的差距仍很巨大。尤其是在技术出口方面,中国不仅远远落后于美国,也明显落后于日本、德国等其他发达国家。2019 年,中国的技术出口额仅为 55.6 亿美元,而美国高达 1 441.9 亿美元,美国的技术出口额为中国的 25.9 倍。

(8) 中国企业科技竞争力集中凸显在规模上,在效益和质量上与美国差距还非常明显。依据欧盟产业研发投资记分牌发布的全球研发投入 2 500 强,2014—2019 年,中国企业研发人员总规模由 677 万人(来自 199 家企业)波动增长至 1 197 万人(来自 536 家企业),而美国则从 1 164 万人(来自 804 家企业)波动下降至 1 086 万人(来自 775 家企业)。在 PCT 专利申请上,WIPO 公布的全球 PCT 专利申请前 1 000 强企业中,中国企业 PCT 专利申请量由 2005 年的 383 件快速增长至 2019 年的 29 581 件,美国企业 PCT 专利申请量由 21 346 件缓慢增长至 27 021 件,中国企业已实现反超。但在研发投入规模、高研发投入企业数量、研发强度、专利质量和企业销售额上,中国与美国的差距还十分明显。如研发投入规模上,中国企业研发投入总规模相距美国的差距由 2014 年的 1 971 亿美元增长至 2019 年的 2 289 亿美元;在研发强度上,2019 年,中国研发投入规模前 10 强企业中仅有华为、百度、中兴 3 家企业的研发强度超过 10%,而美国研发投入规模前 10 强企业中有 8 家企业研发强度超过 10%;在企业销售额上,根据福布斯发布的全球数字经济 100 强,2018—2019 年,虽然美国企业数量从 49 家减少至 38 家,但始终保持世界第一。中国企业数量同样呈现下降趋势,从 16 家减少至 9 家,在 2019 年被日本(13 家)超越。

(9) 华为和苹果的对比是中美科技发展对比的缩影,展现了中国科技发展的强劲势头,也凸显了中国科技发展的市场占有率较低。华为公司在研发强度、PCT 数量和员工数量上,始终保持领先地位,但市场销售额表征的市场份额上,华为与苹果的差距依然显著。销售额上,华为市场销售额持续增长,但仍显著低于苹果。2014—2019 年,华为的销售额不断提高,从 2014 年的 465 亿美元持续增长至 2019 年的 1 130 亿美元,而苹果公司的销售额由 2014 年的 1 506 亿美元波动增长至 2019 年的 2 139 亿美元。研发强度上,2014—2019 年,华为平均研发强度为 14.7%,而苹果公司平均研发强度为 4.1%;研发人员规模上,2014—2019 年,华为员工数量从 2014 年 17 万人缓慢增长到 2019 年的 18.8 万人,而苹果公司从 2014 年的 8 万人增长至 2019 年的 13.2 万人;在 PCT 专利申请量,2019 年华为 PCT 专利申请量达 4 411 件,而苹果公司仅有 306 件。

二、政 策 建 议

当前，中国已开启全面建设社会主义现代化国家新征程，进入加快建设世界科技强国，实现高水平科技自立自强的关键期。基于中美两国科技竞争力的现状对比及趋势研判，中国进一步提升科技竞争力、加快建设世界科技强国，既需要对标先进、参照一流，进一步深化开放式创新，充分学习和借鉴美国等科技强国的成功经验，更需要立足自身、正视短板，全面深化科技体制改革，形成支持全面创新的基础制度，加大政府投入，持之以恒加强基础研究，加快培育科技领军企业，强化国家战略科技力量，激发各类人才创新活力，建设全球人才高地，营造开放创新生态，深度参与全球科技治理。

第一，全面深化科技体制改革，形成支持全面创新的基础制度。通过中美科技竞争力的比较可以发现，在许多创新指标的绝对数量方面，中国已快速接近甚至赶超美国，中国与美国的差距主要在创新质量方面。因此，中国应把提高质量和效益放在科技创新发展的核心地位，着力实施以质量和效益为核心的创新战略。要健全以科技创新质量、绩效和贡献为导向，全面准确反映成果创新水平、转化应用绩效和对经济社会发展的实际贡献的分类评价体系，改变科技评价中的急功近利倾向，积极探索适合于基础研究、原始创新、创新人才成长的长周期评价体系和标准。改革重大科技项目立项和组织管理方式，实行“揭榜挂帅”、“赛马”等制度，在国家科技计划项目评审、验收、国家(重点)实验室评审、科研基地建设综合绩效评估中，把培养、稳定优秀科技人才作为考核重要的考评指标，以此稳定一批具有战略眼光和科学思维能力的研究人员长期从事基础性、战略性、前沿性技术研究，围绕支撑重大技术突破，推进变革性研究，在新思想、新发现、新知识、新原理、新方法上积极进取，强化源头储备。在人才评价上,要“破五唯”和“立新标”并举,加快建立以创新价值、能力、贡献为导向的科技人才评价体系,鼓励科技人员追求真理、潜心研究、学有所长、研有所专、敢于超越、勇攀高峰。

第二,加大政府投入,持之以恒加强基础研究。基础研究具有前瞻性、引领性、开创性、探索性,是科技创新的源头。本报告显示,中国在基础研究方面与美国的差距较大,重大原创性成果缺乏,尤其在基础研究的投入上与美国差距显著。基础研究能力薄弱已严重制约中国建设世界科技强国的进程。对此,中国要切实加大对基础研究的稳定支持力度,加强对高校等基础研究的稳定性科研经费支持,将高校基本科研经费列入国家科研经费总体预算,提高政府对高校科研经费投入的比例,保障高校科研经费的稳定投入。面向世界科技前沿、面向经济主战场、面向国家重大需求、面向人民生命健康,为国家实验室、国家重点实验室等重大科技创新平台建设设定“硬目标”,多出战略性、关键性重大科技成果,着力解决影响制约国家发展全局和长远利益的重大科技问题,加快建设原始创新策源地,加快突破关键核心技术。

第三,加快培育科技领军企业,强化国家战略科技力量。世界科技强国竞争,比拼的是国家战略科技力量。企业是科技创新的主体,科技领军企业是国家战略科技力量的重要组成部分。通过对比中美两国企业科技竞争力,中国在领军企业数量上、市场占有率等指标上显著低于美国。因此,中国要重视培育本土创新型企业、独角兽企业、科技领军企业,提高在世界生产网络、国际市场体系中的话语权。推动企业国际化发展,引导科技企业充分发挥市场需求、集成创新、组织平台的优势,建设创新联合体,支持科技领军企业打通从科技强到企业强、产业强、经济强的通道。鼓励有实力的企业整合集聚创新资源,形成跨领域、大协作、高强度的国际创新基地,开展全球性的产业共性关键技术研发、科技成果转化及产业化和科技资源共享服务。

第四，激发各类人才创新活力，建设全球人才高地。世界科技强国必须能够在全球范围内吸引人才、留住人才、用好人才。中国要实现高水平科技自立自强，归根结底要靠高水平创新人才。当前，中国在科技人力资源规模指标上已超越美国，但在人力资源质量上与美国的差距仍很明显，尤其是顶尖科技人才队伍建设上，中国仍然任重道远。培养创新型人才是国家、民族长远发展的大计，中国要更加重视人才自主培养，更加重视科学精神、创新能力、批判性思维的培养培育。要更加重视青年人才培养，努力造就一批具有世界影响力的顶尖科技人才，稳定支持一批创新团队，培养更多高素质技术技能人才、能工巧匠、大国工匠。要在全社会营造尊重劳动、尊重知识、尊重人才、尊重创造的环境，形成崇尚科学的风尚，让更多的青少年心怀科学梦想、树立创新志向。要营造宽松包容的学术氛围，推进科学研究的“去功利化”，加强学术共同体建设和科研诚信建设，弘扬人本主义科学价值观。要建立让科研人员把主要精力放在科研上的保障机制，保障科研人员的工作时间。要利用中国占据全球分工网络枢纽、市场广阔、社会安定、创新活力强的核心优势，吸引全球年轻精英来中国生活和创业，把中国打造成 21 世纪“世界实验室”和冒险家乐园。

第五，营造开放创新生态，深度参与全球科技治理。世界百年未有之大变局加速演进，新冠肺炎疫情影响广泛深远，世界经济复苏面临严峻挑战，世界各国更加需要加强科技开放合作，通过科技创新共同探索解决重要全球性问题的途径和方法，共同应对时代挑战，共同促进人类和平与发展的崇高事业。本报告通过对比分析中美科学研究、国际科研合作和 PCT 专利申请国际合作发现，中国在国家科技合作参与度不高，在国际科技合作网络中的能级偏低，与中国作为全球科技产出大国的地位明显不相称。此外，中国在技术出口上与美国的差距仍在持续扩大，这说明中国技术创新的国际影响力还比较弱，基于中国技术构建全球技术生态的道路还很长。对此，中国必须以全球视野谋划和推动创新，以更加开放的态度加强国际科技交流，积极融入全球创新网络。以“一带一路”为重点，充分利用全球创新资源，共同应对疾病、气候变化等全球性挑战，推动全球科技创新协作，以更加开放的态度加强国际科技交流，积极参与全球创新网络。聚焦气候变化、人类健康等问题，加强同各国科研人员的联合研发。要主动设计和牵头发起国际大科学计划和大科学工程，设立面向全球的科学研究基金。要前瞻研判科技发展带来的规则冲突、社会风险、伦理挑战，完善相关法律法规、伦理审查规则及监管框架，深度参与全球科技治理，贡献中国智慧，塑造科技向善的文化理念。

主要参考文献

[1] Debin Du, Dezhong Duan. China-U. S. Science and Technology Competitiveness Assessment Report (2020). Singapore: World Scientific Publishing Company, 2021.

[2] 杜德斌,刘承良,段德忠,等. 中美科技竞争力发展报告(2019). 上海:华东师范大学出版社,2019.

[3] 杜德斌,段德忠,夏启繁. 中美科技竞争力比较研究. 世界地理研究,2019,28(4):1-11.

[4] 段德忠,杜德斌,张杨. 中美产业技术创新能力比较研究——以装备制造业和信息通信产业为例. 世界地理研究,2019,28(4):24-34.

[5] 穆荣平,陈凯华. 2019 国家科技竞争力报告. 北京:科学出版社,2021.

[6] 马梦怡. 基于因子分析的我国科技竞争力评价. 经济研究导刊,2021,35:141-143.

[7] 魏鑫,汪洋. 科技竞争力评估体系研究与实践. 数据与计算发展前沿,2021,3(1):74-87.

附录 1　主要指标解释

全时当量研究人员［researchers（FTE）］：根据联合国教科文组织（UNESCO）统计研究所的定义，研究人员是指参与新知识、新产品、新流程、新方法或新系统的概念形成或创造，以及相关项目管理的专业人员。研究人员统计数据有两种方式，一种是按研究人员人头数，另一种按全时当量（FTE）来计算。在国际比较时，一般采用全时当量研究人员作为比较，以揭示各国实际投入科技创新的人力。

高被引科学家（highly cited scientists）：是由科睿唯安（Clarivate Analytics）文献计量学专家利用科研绩效分析数据库 Essential Science Indicators（ESI）以及学术研究平台 Web of Science 核心合集收录的论文数量和引文数据，精选过去 10 年间在相应学科领域发表的高被引论文（即在同年度同学科领域中引文影响力排在 1%以内的论文）数量最多的科研人员。

科学与工程领域（natural sciences and engineering）：涉及农业科学、生物科学、计算机科学、大气和海洋科学、数学等学科门类。由于 2011 年国际教育分类标准产生变化，新的国际教育分类标准更为综合，而各国的教育分类标准不一，为了使数据具有可比性，本研究所选择的样本国家均采用国际教育最新分类标准。

国际留学生（international students）：联合国教科文组织将留学生或国际流动学生定义为跨越两国边界进行学习的学生，这些学生不是正在学习国的公民。本研究所采用的数据仅包括正规的学历教育学生，不包括那些短期学习和交换计划的学生。

研究与试验发展(R&D)：简称研发。指在科学技术领域，为增加知识总量以及运用这些知识去创造新的应用而进行的系统的、创造性的活动，包括基础研究、应用研究、试验发展三类活动。

基础研究：指为获得关于现象和可观察事实的基本原理的新知识(揭示客观事物的本质、运动规律，获得新发展、新学说)而进行的实验性或理论性研究。它不以任何专门或特定的应用或使用为目的。

应用研究：指为获得新知识而进行的创造性研究，主要针对某一特定的目的或目标。它是为了确定基础研究成果可能的用途，或是为达到预定的目标探索应采取的新方法(原理性)或新途径。

试验发展：指利用从基础研究、应用研究和实际经验所获得的现有知识，为产生新的产品、材料和装置建立新的工艺、系统和服务，以及对已产生和建立的上述各项作实质性的改进而进行的系统性工作。

ESI 学科：ESI(Essential Science Indicators)学科分类模式基于期刊分类，每一本期刊只被划分至 ESI 学科中的一个，Web of Science 核心合集收录的期刊论文共分为 22 个学科，包括计算机科学、工程科学、材料科学、生物学与生物化学、环境/生态学、微生物学、分子生物与遗传学、化学、地球科学、数学、物理学、空间科学、农业科学、植物与动物科学、临床医学、免疫学、神经科学与行为科学、药理学与毒物学、精神病学/心理学、综合交叉学科 20 个自然科学学科和一般社会科学、经济与商学 2 个社会科学学科。由于本报告侧重中美科技竞争力比较，故文中的 ESI 学科只包括 20 个自然科学学科。

论文数量：指被 Web of Science 核心合集 SCI-E 引文数据库收录、属于 20 个 ESI 自然科学学科，且文献类型为论文的论文数量。

国际合作论文：指由两个或两个以上国家/地区作者合作发表

的 SCI 论文。

国际合作论文比例：指该国国际合作论文占该国所有论文的比重。

学科规范化的引文影响力：是通过对论文实际被引次数除以同文献类型、同出版年、同学科领域文献的期望被引次数获得的。该指标实际测量的是国家发表论文的篇均被引频次与全球论文的篇均被引频次之比(category normalized citation impact，CNCI)，其计算公式如下：

$$\mathrm{CNCI}_i=\frac{\sum_j^N\frac{\mathrm{C}_{ij}/\mathrm{P}_{ij}}{\mathrm{WC}_j/\mathrm{WP}_j}}{N}$$

式中，C_{ij} 表示国家 i 在学科 j 的论文被引次数；P_{ij} 表示国家 i 在学科 j 论文数量；WC_j 表示全球在学科 j 的论文被引次数；WP_j 表示全球在学科 j 的论文数量；N 表示学科数。CNCI 是一个十分有价值且无偏的影响力指标，它排除了出版年、学科领域与文献类型的影响。如果 CNCI 的值等于 1，说明该组论文的被引表现与全球平均水平相当，CNCI 大于 1 表明该组论文的被引表现高于全球平均水平；小于 1，则低于全球平均水平。CNCI 等于 2，表明该组论文的平均被引表现为全球平均水平的 2 倍。

ESI 高被引论文：指 20 个自然学科近 10 年内发表、被引次数排在全球前 1%以内，且文献类型为论文的 SCI 论文。该类论文代表了学科领域的高水平科学研究，经常被用于衡量和评价国家/地区的科研水平。

***N-S* 期刊论文**：指 20 个自然学科在 *Nature* 和 *Science* 期刊上出版，且文献类型为论文的 SCI 论文。*Nature* 和 *Science* 作为世界级的顶级期刊，报道各学科领域最新的和突破性的研究进展，代表了当今科学的最高水准。

自然指数(Nature Index)：指由施普林格·自然(Springer Nature)旗下自然科研(Nature Research)编制，通过追踪高质量自然科学期刊所发表的科研论文的作者信息，为科研共同体提供有关全球科研状况和出版趋势的信息。目前采用两种计算论文产出的方法，其中论文计数(AC)指不论一篇文章有一个还是多个作者，每位作者所在的国家或机构都获得 1 个 AC 分值；分数式计量(FC)则考虑了每位论文作者的相对贡献。

学科论文国际占比：指某国某学科的论文数量在全球该学科论文总量中的比例。

学科国际合作相对活跃度：指某学科在某国国际科研合作中的相对活跃程度。其计算公式如下：

$$\mathrm{PAI}_{ij}=\frac{\mathrm{P}_{ij}/\mathrm{P}_{wj}}{\mathrm{P}_{i}/\mathrm{P}_{w}}$$

式中 P_{ij} 表示国家 i 在学科 j 的国际合作论文数量；P_{wj} 表示世界在学科 j 的国际合作论文数量；P_{i} 表示国家 i 的国际合作论文总数；P_{w} 表示世界的国际合作论文总数。学科国际合作相对活跃度消除了学科间国际合作论文总量差异带来的影响，使得同一国家不同学科之间具有可比性。PAI$>$1 意味着该学科在该国的国际合作中相对活跃。

居民和非居民专利申请量(patent applications by resident and non-resident)：专利中的“居民(resident)”指与专利申请受理国知识产权局同属一国的申请者。这里的知识产权局可以为国家知识产权局，也可以是区域知识产权局。“非居民(non-resident)”指与专利申请受理国知识产权局不属于同一国的申请者。非居民专利申请的活跃程度反映了一国的技术保护程度和技术市场被国际认可的程度，反映了技术和技术产品潜在市场的国际竞争水平。

每百万居民专利申请量(resident applications per million

population)：指每百万人口基数的居民专利申请数量，描述的是专利申请的人力资本成本。

每千亿美元 GDP 居民专利申请量(resident applications per 100 billion USD GDP)：指每千亿美元 GDP 的居民专利申请数量，描述的是专利申请的货币资本成本。

按申请人国际分的专利申请与授权(patent applications and grants, total count by applicant's origin)：按申请人国籍分的专利申请与授权量不仅识别该国申请人在其国内申请和授权的专利，还包括该国申请人在他国、其他国际性机构(如 WIPO)申请和授权的专利。

有效专利(patents in force)：指专利申请获得授权后，在法定保护期限内，且按规定缴纳年费的专利。它对所设计的技术具有约束力。

按申请人国籍分的有效专利拥有量(patents in force, total count by applicant's origin)：按申请人国籍分的有效发明专利不仅识别该国申请人在其国内的有效专利，还包括该国申请人在他国、其他国际性机构(如 WIPO)的有效专利。

专利合作协定(patent cooperation treaty, PCT)：指专利领域的一项国际合作条约，其主要目的在于简化以前确立的在多个国家专利局申请发明专利保护的方法，代之以更为有效经济的对用户有益且能行使管理职权的专利局的体系。

专利申请国际合作：指由两个或两个以上国家/地区申请人合作申请的专利。

国际专利分类标准(international patent classification, IPC)：1971 年《巴黎公约》成员国在法国斯特拉斯堡签订了著名的《国际专利分类斯特拉斯保协定》(Strasbourg Agreement, SA)。这一协定的普遍价值一方面在于促进了世界知识产权组织(WIPO)这一专业联盟的建立；另一方面在于制订了国际通行的专利分类标准（IPC），为各工业体开展密切的技术合作，保护发明人的知识产权起到了重要的推进作用。IPC 至今已经更新 8 个版本，且 IPC 委员会每年都会对其进行修订。IPC 将发明专利和实用新型专利类型划分为 8 个部门、22 个分部、120 个大类、631 个小类。

高科技产品出口额（high-technology exports）：指一国向国外出口具有高研发强度产品获取的收入，例如航空航天、计算机、医药、科学仪器、电气机械。数据按现价美元计，来源于联合国商品贸易统计数据库。

高科技产品出口额占制成品出口比重（high-technology exports as a share of manufactured exports）：指一国高科技产品出口收入占其制成品出口收入的比重，数据按现价美元计，来源于联合国商品贸易统计数据库。

联合国商品贸易数据库（UN comtrade database）：是联合国官方国际贸易统计和相关分析表的储存库。

国际服务贸易统计手册（EBOPS）：指服务于国际贸易统计，由联合国、欧共体、国际货币基金组织、经济合作与发展组织联合国贸易和发展会议、世界贸易组织六大国际组织于 2002 年共同编写的国际服务贸易统计手册。

特许权使用费和许可费（rovalties and license fee）：是国际服务贸易统计手册（EBOPS2002）中的一种服务贸易分类，指居民和非居民之间为在授权的情况下使用无形、不可再生的非金融资产和专有权利（例如专利、版权、商标、工业流程和特许权）以许可的形式使用原创产品的复制真品（例如电影和手稿）而进行的付款和收款。数据按现价美元计，来源于联合国商品贸易统计数据库。

知识产权进口额（charges for the use of intellectual property, payments）：指一国授权他国使用其无形、不可再生的非金融资产和

专有权利(例如专利、版权、商标、工业流程和特许权)以及以许可的形式允许他国使用其原创产品的复制真品(例如电影和手稿)而进行收款。数据按现价美元计,来源于世界银行数据库。

知识产权出口额(charges for the use of intellectual property, receipts):指一国得到他国授权,使用其无形、不可再生的非金融资产和专有权利(例如专利、版权、商标、工业流程和特许权)以及得到他国许可,使用其原创产品的复制真品(例如电影和手稿)而进行付款。数据按现价美元计,来源于世界银行数据库。

附录2 表 目 录

附录 3　图 目 录